アパレルは死んだのか

IS THE APPAREL INDUSTRY DYING?

東京モード学園
ファッションビジネス学科講師
文化服装学院
グローバルビジネスデザイン科元講師
たかぎ こういち

SOGO HOREI PUBLISHING CO., LTD

まえがき

年号が平成に変わって少し経った１９９１年。日本の百貨店の売り上げは９兆７１３０億円とピークを記録し、以降売上減が続いている。とりわけアパレル関連の現状は、目を覆うほどである。

アパレル企業の雄であったイトキンは、２０００年代初めには百貨店での売り上げが全社の比率７割を占め、売上高１５００億円を誇っていた。これがなんと５０２億２２００万円にまで縮小する（２０１８年２月〜２０１９年１月）。

ショッピングセンターへの意欲的な出店など、他社に先駆けてさまざまな施策を打ち出し、成長を続けてきたワールド。２０１５年４月に企業再建実績のある人物をＣＥＯに迎える。就任１カ月後に４００から５００店舗の閉鎖と、早期退職５００人の募集を発表。その後黒字化し、２０１８年には13年振りの再上場を果たしたが、初値は公開価格を下回った。

そうした業界の苦境の中、ＵＮＩＱＬＯ（ユニクロ）で知られるファーストリテイリングは、２０１８年決算で売り上げ２兆１３００億円と成長を続け、アパレル売上高世界２位に届こうとしている。

両極化の原因は、デフレや低価格商品の需要増大だけではない。消費者の買物意識の変化、ネットによる流通の進化、生産・販売のＩＴ化など複雑な要因が絡み合い、業界全体がパラダイムシフトしている。

本書は国内外のアパレル業界事例を通して、課題と解決策を探っていく。

ファッションビジネスの主戦場は、実店舗からＥＣ（イーコマース／インターネット上での売買や契約などを行う取引）との融合へと移りつつある。第１章では、ファッション業界への進出を見せる〝ネットの巨人〟Amazon（アマゾン）と、日本を代表するプラットフォームを確立したＺＯＺＯ（ゾゾ）との比較をする。

第２章では米国アパレル小売業最大手のＧＡＰ（ギャップ）と、そのＧＡＰを目標に成長し、そして抜き去ったユニクロを解説。両社の差を探ることで、これからの時代に必要な対応を考える。

第３章では、業界の先進例として、米国市場の現状を紹介。第４章では変われない日本アパレル企業の問題点を探る。第５章では、いま、起こっているパラダイムシフトを項目ごとに解説。最終章において、各章で提示された問題点を解決するためのヒントや具体策を提案していきたい。

著者は東京モード学園ファッションビジネス学科で非常勤講師を務めている。２０１９年3月までは文化服装学院ファッション流通科でグローバルビジネスデザイン科の講師も務めていた。

日本に初めてルイ・ヴィトンの店舗ができる4年前に単身渡欧。日本に広めた海外ブランドは、アニヤ・ハインドマーチ、オロビアンコ、リモワ、マンハッタン・ポーテージなど。最近では、２０１９年3月、阪急メンズ東京にニューヨークのヴィンテージバーバーとラルフ・ローレンのヴィンテージブランドとがコラボレーション出店。そのプロデュースを務めた。

本書では商業メディアでは書けない提言も呈していくが、特定の企業や個人を批判する意図はまったくない。ファッションビジネスの変化を40年以上見続けてきた実務経験者として、読者の皆様に事例を交えた複数の視点を提供するのが目的である。問題を理解すれば解決策は必ず見出せる。最大の問題は問題の本質を理解していないことである。ぬるま湯から一日も早く抜け出ない限り、未来はやってこないのである。

読者のあなたは、アパレル業界の方だろうか。他業界で働く方にとっても、アパレルが抱える問題は決して他山の石ではない。IMD(国際経営開発研究所)が2019年5月に発表した世界競争力ランキングで、日本の総合順位は30位。前年よりさらに五つ順位を下げた。経済成長の鈍化、生産性の低さが理由である。1位のシンガポール、2位の香港、14位の中国、28位の韓国と比べて、アジアの中での日本の低下が鮮明である。ビジネス市場全体、社会全体が加速しながら変化している。アパレルの事例を通して、本書が、広くビジネスにおいて、そしてその中でどう自身を成長させていくかを考えるきっかけとなれば幸甚である。

第1章 ―― アマゾンVS ZOZO

第2章 ユニクロ VS GAP

第3章 米国ファッション業界のいま

第4章 変われない日本企業

第5章 パラダイムシフト前夜

第6章　アパレルの生き残る道

ブックデザイン　別府拓（Q.design）
DTP・図表　横内俊彦
校正　池田研一

第1章

アマゾンVS ZOZO

冒頭から異論の多い章題かもしれない。

幅広くビジネスを展開し、世界を飲み込む勢いで成長する〝ネットの巨人〟と、日本のファッションEC企業とに、比較点が存在するのか。その比較に意味があるのかと。

しかし、本書の目的は、読者の皆様が知るアパレル産業の事例を参考に、パラダイムシフト時代を探り、その未来を予測、仮説を検証することである。その上で、成長を続けるEC市場に触れることは外せない。

日本のファッションECといえば「ゾゾタウン」。そして世界最大のEC企業であるアマゾンがファッション業界にも進出し、構図は大きく変化している。

この2社の成長過程と現状を、複数の視点から解説していく。同じECながらその本質、目指すゴール、戦略の進め方には大きな違いがある。

また、先進国の中で見ると、日本のEC比率は低い。逆にいえば、大きな伸びしろがあるということだ。その希望を探る狙いもある。

まずは良くも悪くも、昨今話題の多いZOZOから見ていこう。

ZOZO急成長の背景

時代の波を大きく捉えた強運

ZOZOはカリスマ経営者が率いる時代の寵児(ちょうじ)である、いや、であった、急成長企業である。

2018年8月17日の時価総額は1兆5052億円。これが2019年1月4日には5884億円まで急落した。

まずは右肩上がりで時価総額1兆円にまで駆け上がった、2017年8月までを振り返る。

1995年、現社長前澤友作(まえざわゆうさく)氏が音楽CDの通信販売会社として、その前身を創業。1998年5月にはスタート・トゥデイと命名し法人化する。2000年よりインターネット通販に切り替え、ＥＣ事業の先駆けとなるインターネット上のセレクトショップ「EPROZE（イープローズ）」を開設。会社はアパレル販売を中心に急成長を見せる。

当時のインターネットで服を売るビジネスに関して、参考になる事例をご紹介する。

著者も参画した第1回東京ガールズコレクション（ＴＧＣ）は、２００５年８月７日に開催された。会場は国立代々木競技場第一体育館。ショーの様子はインターネット配信され、来場者はモデルが着る服をサイトで購入できる。**当時はスマートフォンなどなく、ガラケーの小さな画面である**。「誰が携帯電話で服を買うのか」と、業界内にも陰で笑う者が多くいた時代だった。

しかし結果は2万枚を超えるチケットが完売。入場できない若い女性たちが会場付近に溢れた。その場での携帯電話からの売り上げは販売予算以上。少女たちは試着もせずに、小さな画面から服を買ったのである。時代は新しい販売チャネルの入口にあったのだ。

この第1回ＴＧＣの前年12月に、ゾゾタウンは開設された。強運にも時代の大きな波を捉えたのである。

ＩＴ企業としての強み

ゾゾタウンとほかのＥＣサイトとの最大の相違点は、自社制作サイトならではの画面の格好良さだった。ＺＯＺＯのＩＴ企業としての成り立ちの強みがここにある。ファッション専門ＥＣとしての他社との差別化は、明確だったのである。

幸運の女神はまだまだ微笑み続ける。２００５年、当時の業界をリードしていたセレクトショップ数店が、ゾゾタウンに出店。これにより、ほかのＥＣでは買えないブランドが多く並ぶようになる。〝日本でいちばんイケてる〟ファッションＥＣサイトの誕生である。「ＥＣサイトならゾゾタウン」というポジションが確立した。

加えて、**当時のファッション業界には、プログラミングなどに精通した人材が少なかった**という点も大きい。時代の変化に合わせて注力しなければならないことは各社共理解していても、人材がいない。

そこでスタート・トゥデイはＢｔｏＢビジネスとして、他社のＥＣサイトを支援する事業も始める。多くのブランドは、自社ＥＣの運営をスタート・トゥデイに丸投げすることになった。当時のＥＣはまだまだ黎明期。業界全体に占めるＥＣ売上比率は低く、自然な判断だったのである。

そこはスタート・トゥデイの独り舞台だった。2019年9月までは、日本を代表するセレクトショップであるユナイテッドアローズの業務を受けている。業界の噂では、この売り上げがZOZOの他社支援事業の半分以上を占めるという。

2006年、創業から続けていたCD販売部門を分社。アパレル部門はZOZOとして、スタート・トゥデイから独立する。翌年、東証マザーズに上場。EC市場の急激な伸びと共に急成長が続く。2011年3月期には売上高238億円（前期比38・7パーセント増）、会員数313万人を達成。

上場で得た資金で、システムをすべて自社で整えることができた。商品の撮影も自社のため、高いレベルで統一感のあるサイトとなる。**顧客向けの細かい改善も容易で、外部頼みが多い他社との違いは明らかだった**。最もノウハウの蓄積に時間と資金がかかり、通販には欠かせない物流面も自社完結（配送だけはヤマト運輸）である。

2012年2月には東証1部に市場変更。ピカピカの一流新興企業の誕生である。上場以降、「どの指数を取っても成長し続ける企業」と評価され、時価総額は小売業の雄である三越・伊勢丹を凌駕（りょうが）する。2017年10月にはNTTコムオンライン・マーケティング・ソリューションのベンチマーク調査で、最もNPS（ネットプロモータースコア）の高い企業と評価される。ＮＰＳとは「あなたは○○を友人に薦めたいと思いますか？」といった質問で評価される、顧客ロイヤルティを数値化した指標である。

秀逸なビジネスモデル

ＺＯＺＯの評価できる最大の点は、**「まずトライ」という行動の素早さ**である。

日本企業の多くは取締役会だ何だと、時間ばかりかかって結局何も革新的な対策をできないことが多い。ＺＯＺＯには過去に終了したサービスが数多いのも（図1）、ＩＴ企業らしい企業風土である。

他社の技術であっても積極的に活用する。２０１９年5月、ゾゾテクノロジーズはアマゾンが製造販売するＡＩ音声サービス「Ａｌｅｘａ（アレクサ）」を活用した無料サービス「コーデ相談 ｂｙ ＷＥＡＲ」の提供を開始。こうした積極性も時代にマッチしていると言える。

そのビジネスモデルもすばらしい。先に述べたように、**ほかのＥＣ企業との違いは、依頼先から丸投げが可能だったこと**である。例えば楽天に出店するのであれば、1桁後半の販売手数料がかかる上に、自社で集客、出品のウェブ画面製作とメンテナンス、梱

図1 ZOZOが過去に終了したサービス

❶**ZOZOGALLERY**：ファッションブランドのパソコン用デスクトップ壁紙や携帯用待ち受け画像のダウンロードサービス（2015年3月31日サービス終了）

❷**ZOZOPRESS**：ファッションニュース配信サイト（2012年5月22日更新終了）

❸**ZOZONAVI**：アパレルショップを都道府県別で紹介し、各ショップの画像や地図、取扱ブランドの情報を検索することができるナビゲーションサイト（WEARへの移行により2015年3月31日サービス終了）

❹**ZOZOOUTLET**：ゾゾタウンで扱うセレクトショップやブランドのサンプル品などを販売（2014年11月25日終了）

❺**ZOZOPEOPLE**：ブログサービス（2014年11月20日記事の投稿・編集機能が終了。2015年3月31日サービス終了）

❻**ZOZOQ&A**：質問回答掲示板サイト（2015年3月31日サービス終了）

❼**ZOZOVILLA**：ハイエンドなファッションブランドのオンラインショッピングサイト（2014年11月26日ゾゾタウンに統合）

❽**LA BOO**：10代〜20代女性に向けたガールズショッピングサイト（2014年7月31日終了）

❾**ZOZOフリマ**：スマートフォン向けファッションフリーマーケットアプリ（2017年6月30日終了）

❿**ZOZOSUIT**：採寸スーツの無料配布サービス（2019年決算発表時に廃止を発表）

⓫**ZOZO「おまかせ定期便」**：ユーザーの好みに合った服が定期的に届き、気に入ったものだけ購入できるサービス（2019年4月1日が最終発送）

⓬**ZOZOARIGATO**：割引制度（2019年5月30日終了）

出所：ZOZOホームページを基に、著者が加筆して作成

包、発送、顧客対応などの付帯業務を行わなければならない。対してゾゾタウンは手数料30パーセント前後だが、この高さの理由は、依頼者が最も悩む、集客から出品（写真撮影や商品ページ作成）、梱包、発送を代行する点にある。

これを裏から見れば、ＺＯＺＯのビジネスモデルの最大の利点となる。それは**ファッションビジネスの最大の課題である、「在庫」を持たないこと**である。委託先の在庫を預かっているだけで、高利益の部分をリスクなしに享受できるのである。

ゾゾタウンの集客の大きな武器は、日本最大級のコーディネートアプリ「ＷＥＡＲ（ウエア）」である。実店舗の商品のバーコードを読み取って保存。ほかのユーザーのコーディネート写真の共有などもでき、気に入ったアイテムをゾゾタウンで購入できる。全世界で１０００万ダウンロードされており、２０１８年10月のＷＥＡＲからの流入売上は、40億円を超えたと聞く。

新規登録時には高額クーポンが配布され、お気に入りを登録したり、値下がりしたらお知らせを受け取ったりすることもできる。購買意欲を引き出すアプリである、服好きの人々にとっては見るだけでも楽しいだろう。

さらに大きな要因として、２０１６年11月よりスタートした「ツケ払い」サービスがある。上限はあるが、ユーザーは支払いを最大2カ月遅らせることができる。吉岡里帆(よしおかりほ)のCMと共に、クレジットカードを持たない若年層の話題となった。

良いか悪いかは別にして、2カ月後の支払いは月賦販売法の適用範囲外であり、利用者の支払い能力の判定が不要である。現金を直接貸付けるわけでもないので、貸金業法の適用もない。

このフル機能で、ゾゾタウンの出店社も顧客も増え続けていく。ZOZOは伸びないファッションマーケットにありながら、2017年3月期の決算で、売り上げが前期比で40・4パーセント増の763億円、営業利益が48パーセント増と絶好調を見せる。

Point

- IT企業としての技術が時代の波を捉えた
- トライ&エラーを良しとする企業風土が急成長を支える
- 消費者の購買意欲を引き出す仕組みを構築した

ＺＯＺＯ凋落(ちょうらく)の日――

疑問が残る「ゾゾスーツ」の挑戦

快進撃を期待された株価を背景に、ＺＯＺＯは斬新な施策を連続して出していく。２０１７年11月22日、ＰＢ（プライベートブランド／小売業者や卸業者などが開発したブランド）「ゾゾ」を発表。独自開発の全身採寸用ボディースーツ「ゾゾスーツ」を無料配布して、それを元にジャストフィットのアイテムを提供するというコンセプトである。

実現すればすばらしい構想だった。時系列に結果を記していく。

無料でゾゾスーツを配布するアイデアには、ファンから予想以上の申し込みが殺到した。しかし初代ゾゾスーツは高コストと生産の難しさから、ほとんど出荷に至らず生産中止となる。**「すぐ届く」はずのゾゾスーツは、消費者に届かなかった**のである。

しかし、アクションの速いＺＯＺＯは２０１８年４月27日、新ゾゾスーツを発表する。

７月３日、中期ビジョンの発表。２０１９年売上高１４７０億円、２０２０年も昨対比63・9パーセント増、２０２１年も63・1パーセント成長と続く計画だった。再び大きな期待が株価を押し上げる。８月17日には、時価総額１兆５０５２億円を極めた。

しかし、この目標数値に疑問符が付く。ＰＢ製品の売上目標は、初年度２００億円、翌年８００億円。これがどれくらいの金額なのか。世界各地に直営店を持つ日本発の有名ブランド、コム・デ・ギャルソングループの売り上げが４００億円といわれている。その２倍である。さらに驚くことに、２０２１年度の目標は２０００億円。これは国内アパレル業界でトップクラスの規模を誇る、オンワードホールディングスの売上高、２４３０億円に近づく金額である。業態が違うとはいえ、オンワードホールディングスの社員数は４６４３名（２０１９年２月期）。ＺＯＺＯはグループ全体で１０００名あまりである。

この、一見すると無茶とも思える目標を達成できるとする根拠は何なのか。それ以前に、東証１部上場企業の中期計画としての担保はあるのか。

著者は、**大きな危機感の裏返しが、この稚拙で早急な計画ではないか**と考える。

ファッション企業各社のＥＣサイトの売上比率が上がり、社内にもＩＴ人材が定着するようになった。当然、各社は利益率の高い自社運営サイトに売れ筋を集中させるようになる。先ほど述べたように、他社のEC支援事業を大きな売り上げの柱としているZOZOにとって、この変化は大きな危機である。

こうした背景から、ZOZOは性急な成長目標を掲げたのではないだろうか。最近、顕著な傾向として、値引きクーポンの乱発、セールの恒常化と価格訴求化が進んでいるように見受けられる。そのため顧客の購入単価は年々下落。**メインの他社顧客が、ゾゾタウンを必要としなくなる**。そんな日が来ないとも言えない。

この後、2019年決算時には、PBビジネス計画の大幅な変更が発表されることとなる。海外販売会社も解散し、実質上の撤退。ZOZOらしい早い決断だけは評価できる。

「ZOZOARIGATO(ゾゾアリガト)」の廃止

2018年上半期発表の10月31日。前澤氏は、鳴り物入りで売り出したゾゾスーツの生産遅延、無料配布の採寸用スーツの廃止を発表する。売上予算200億円に対して、今期の売上予想は30億円と下方修正された。最終実績は27億円にとどまった。

その売り上げのカバーのためか、同年12月に「ZOZOARIGATO」がスタート。

有料会員へ向けた割引サービスである。しかし取引先に充分な説明、承諾がないまま割引販売したことで、大きなトラブルに発展した。

ブランド側には重要な問題である。ほかの取引先ではプロパー価格（値引きをしない正規の価格）で販売しているのに、ゾゾタウンの新規客なら30パーセント値引きで購入できてしまう。取引は販売委託であり、ZOZOに価格決定権はない。怒りを買うのは当然だ。特に全国統一価格が前提である百貨店との取引のある企業ならクレームは必須で、撤退されるのもやむなしと言える。オンワードホールディングス、ミキハウス、エフ・ディ・シィ・プロダクツと撤退が続いた。

自社EC売上の半分をゾゾタウンが占めるといわれるジーンズカジュアル店、ライトオンでさえ、「信頼関係に疑義を抱く」と撤退を決定。私見だがライトオンはNB（ナショナルブランド／商品を製造するメーカーによるブランド）中心の展開で、ECでの利益率は低いと推測できる。これで同社の商品を販売するECサイトは楽天しか残らないことになる。

ゾゾ側では、この問題による撤退はわずか42ショップに過ぎないと発表。しかしさらに2月18日には超人気ブランドのザ・ノース・フェイスやヘリーハンセンを販売する、ゴールドウインも販売を停止した。撤退の波は宝飾ブランドのアーカー、ヴァンドームヤマダなどにも広がっていく。

また、他社ECサイト運営支援先ビジネスの大口顧客である、ユナイテッドアローズも自社運営への切り替えを発表した。今後はマルチチャネル化とデータ蓄積を自社で目指していく。サイト開発で連携してきたオンワードホールディングスも、2019年3月1日付でデジタル戦略子会社オンワードデジタルラボの設立を発表した。著者の聞き取りであるが、スポーツブランドのナイキも、販売先にゾゾタウンへの出品を自重するように通達している。

2019年4月、ZOZOARIGATOの同年5月末廃止が発表された。覆水盆に返らずである。

専門知識の絶対的不足

世の中のさまざまな場面でセグメントが存在する。**ビジネスでいえば、市場や顧客の区分**。ファッション業界でも明確である。実店舗でいえば、セレクトショップはしまむらや西松屋と並んで出店しない。**セグメントに合った出店場所は、それぞれに異なる**のである。

こうした垣根がなくなり、セール感が続けばどうなるか。ジャーナルスタンダードなどを展開するベイクルーズがそうしたように、業界全体がゾゾタウンをアウトレット販売専門の在庫処理モールとして扱い、プロパー販売は自社運営ＥＣで、という構図にもなりかねない。

ゾゾタウンのプラットフォームとしての役割も、決して安泰ではない。楽天が展開するファッションサイト、「楽天ブランドアベニュー」の出店企業数が、１０００店舗を越えて猛追している。ジュンとマッシュホールディングスが協業し、新たなプラットフォーム立ち上げを発表した。高価格帯ブランドに特化したストライプインターナショナルのストライプデパートメント、三井不動産のアンドモールなどもスタートし、今後も注目できる。

メディアでは報じられないが、著者にはＺＯＺＯが**専門知識の欠陥によって大きな失敗を犯している**ように感じられる。

前澤氏の創造的で柔軟な発想や即断即決で成長してきたＺＯＺＯ。他人の作った物を販売するだけなら、すばらしいビジネスモデルである。しかし自社オリジナル製品を売るためには、まったく違うビジネスモデルと人材が必要だ。そしてそのカバーのために、大きく成長させたプラットフォームを縮小させてしまうのであれば、本末転倒と言える。

Point

- 専門知識の欠陥が大きな危機を招く
- 取引先の信用を失えば居場所はなくなる
- 顧客のセグメントに合った展開が必要

ＺＯＺＯの適正を読み解く――

決算資料の謎

手元にＺＯＺＯの２０１９年決算関連資料がある。著者の実務経験を通しての解説と私見を述べていく。

まず注目すべきは貸借対照表にある、**今期初めて見る借入金、２２０億円**だ。前期まで無借金経営だった企業が突然である。この資金需要は、なんと前澤氏の持ち株の自社買原資だ。その目的が見えない。自社株買いでの株価維持なのか、個人的な資金が必要なのか。創業社長が６００万株の持ち株を市場外で手放す真の理由は何か。憶測を呼ぶ取引である。

次に、同じく貸借対照表の**売掛金の増大**である。売り上げが伸びれば売掛金は当然増額する。しかし問題はその内容である。支払い能力を確認しないツケ払いとの関連性はないのか。顧客に対する回収期間が、従来3カ月程度から5カ月に伸びている。

また、従来ほぼゼロだった在庫が、64億円に膨れ上がっている。業界ではイタリアの某生地メーカーが何千反ものスーツ生地をZOZOから受注したという噂だが、このことによるものなのか、次に述べるゾゾヒートなどの商品在庫なのかわからない。よってZOZOのこの評価が適正なのかどうかの判断には少し時間がかかる。

設備の拡張による設備投資、固定費の増大などの資金も必要である。資金繰りに無理はないのだろうか。一例として、商品を預かり、梱包、発送する物流センターZOZOBASEは、取扱高の増大に備えて、2020年秋に6000億から7000億円程度に対応できる規模に拡大するという。

勝算の見えない「ゾゾヒート」

2018年12月、ZOZOは吸湿発熱インナー「ゾゾヒート」の販売を開始。特設ページでユニクロの「ヒートテック」との比較広告を掲載した。2017年ですでに累計販売10億枚以上の大ヒット商品への挑戦。その事実自体はすばらしいが、あまりに戦略が稚拙である。

その理由は三つ。
ひとつは**レッドオーシャンに飛び込んだこと**。イトーヨーカドーの「ボディヒーター」、しまむらの「ファイバーヒート」、ベルメゾンの「ホットコット」、ニッセンの「ウォームコア」、GU（ジーユー）の「GUWARM」など、二匹目のドジョウ狙いの商品がすべて実績を残せていない。そんな苛烈な競争環境下で、「ヒートテックに比べて79円安い」と伝えたところで、勝算は見えてこない。ユニクロが少し割引セールをすれば、価格の優位性などすぐ消えてしまう。
二つ目は**発売発表時期**。ゾゾヒートは2018年12月7日に発売を発表した。読者の皆様にもすぐにご理解いただけると思う。耐寒商品は、寒くなったから購入するわけである。実需期は10月から1月まで。つまり12月に入る前に多くの人は購入しているはずだ。その上、ユニクロは毎年5月と11月に感謝祭（創業祭）セールを行う。当然そこで下着類も売り出される。さらに12月末にもセールがスタートする。このタイミングで発表する理由が見つからない。
三つ目の理由はサイズ展開である。ゾゾヒートはオーダー式で、1000種類以上のサイズの中から最適のものが届くと案内されている。しかし、**下着のサイズに不満を抱く消費者がどれほどいるのか**。そこに潜在的な市場はあるのか。

ひと言で表現すると、ZOZO社内にはファッションビジネスの基本を理解している人材さえいないと推測できる。服好きな人でなければできないのが、ファッションビジネスである。残念ながらZOZOには服を愛してる人がまったくいないのか、いても発言権がないのだろう。

ゾゾスーツに見る発想の稚拙さ

では視点を変えて、先ほど触れたゾゾスーツで採寸、オーダーするビジネススーツの完成度について検証してみよう。発売1カ月で2万2000着を受注し、大きな話題を呼んだ商品である。

先ほど「服好きのいない企業」だと結論付けたことには、さらに大きな理由がある。それは採寸についてである。ゾゾのPB商品ではゾゾスーツでヌードサイズを測って注文するが、実は**ビジネススーツの採寸とヌード計測サイズは、ほぼ関係ない**。

人間の体は左右が違い、理想の体型ではない。スーツは長い歴史の中で、その欠点をカバーする機能が完成している。本来、オーダースーツでは、一人の職人がすべてを担当して完成品までの過程をこなす。業界では「丸縫い」と呼び、最初のメジャーメント

（採寸）は非常に重要な過程。職人の腕の見せ所だ。

ゾゾスーツの基本的な発想があまりに稚拙だと言わざるを得ない。下着ならヌード計測サイズも役に立つかもしれないが、潜在的な需要は疑問である。先ほどと重なるが、**自分の体のサイズにピッタリと合ったブリーフがどんな製品なのか**、著者には想像が付きかねる。

実際に出来上がったスーツの評価は、著者の個人的評価ではなく別の有識者たちが検証した記事を紹介する。職人のノウハウが反映された、完璧なスーツに仕上がっていたのだろうか。

２０１８年12月21日付の日経ＭＪ新聞に、同誌記者が購入したスーツについての記事が掲載された。以下は要約である。

記者が注文したのは２万４８００円のスーツとワイシャツのトライアルセット。７月上旬に注文、本来３週間のはずが、たび重なる遅配連絡後の11月下旬に届く。着てみるとブカブカ。胸囲、ウエスト共合っていなかった。

ＳＮＳ上で見ると評価は分かれている。「ピッタリで満足感が高い」という感想もある一方で、「大きい」「小さい」共に、サイズが合わないという声は多い。

本来返品不可でスタートしたが、現在は1年間無償で返品可能。サイズ直しも受け付けている。記者がカスタマーサポートセンターに修正方法を問い合わせると、手持ちのほかのスーツとサイズを比べることを勧められた。本末転倒ではないのか。ZOZOはサイズ直しや返品といった顧客データを集めて、徐々に精度を高めていく方針なのだろうか。「あなたのサイズ」実現への道は遠いかもしれない。

同誌には業界の権威の方々のご意見も掲載されている。

松屋銀座の紳士服名物バイヤー宮崎俊一(みやざきしゅんいち)氏は「生地は良いものを使っているぶん、しわが目立ちとても残念な仕上がり」「100点満点で材料が40点、フィッティングは0点」。老舗オーダースーツ店のベテランテーラーは「生地、縫製は良い」「パンツの丈を除き、すべてサイズが合っていない」「30点」。「麻布テーラー」のマスターテーラー波多野貴敏(はたのたかとし)氏は「ディテールにはこだわりを感じる」「70点」。

ドン小西先生の辛口チェックも記されている。発言の主要部分を記す。

「袖丈、着丈、総丈だけ合わせたスーツ」「いちばん大事な（採寸の）ソフト部分のデータ収集が明らかに上手くいっていない」「ネックが浮き過ぎている。スーツとしては致命的。体型を見抜けていない。これは洋服ではなくゴミだね」「そんなにこだわりがなくて、別に着れればいいわ、という人向け」「総合評価は値段を考慮すれば60点、プロから見たら仕上がりは20点、30点レベルだよね。もったいない（生地が良いので）」

メディア露出の価値

ZOZOARIGATO騒動、ゾゾスーツの失敗の中でも、大きく評価できる点がある。

まずはオーダースーツに着眼し、メイン商品とした点。ここにも在庫リスクがないからである。

そして**結果的に異常とも言えるほどメディア露出した**点だ。広告費換算した際の金額は膨大になるだろう。日本人特有の横並びの価値観から大きく離脱した、若き成功者への妬み（ねた）を残念ながら感じる。前澤氏にはこれらをはねのけてほしい。

解決策は、一日も早くファッションビジネスの知見と経験を持つプロチームを組織することであろう。自社に作るのか、あるいは前澤氏の先進性とリスクを取って行動する姿勢を高く評価する、中国の某アパレルオーナーと手を組むのか。

ZOZOの決算補足資料には、2019年の「高リスク、高リターン、満塁ホームラン狙い、強い自前主義思想」から、2020年は「低リスク、中リターン、ヒット狙い、オープンイノベーション」。2021年は「中リスク、高リターン、定番大ヒット商品への投資、靴や女性下着への投資」とある。

PB事業を統括する伊藤正裕（いとうまさひろ）取締役には、明日にでもプロに助言を求められることをお勧めする。すばらしいビジネスモデルを作り上げたチームの斬新なIT技術で、新しいPBのビジネスモデルを築いてほしい。

若い前澤氏には、良い失敗経験として学んでいただき、次の成長につなげてほしい。「日経優秀製品・サービス賞2018」で、ゾゾスーツが最優秀賞に選ばれた。**市場の期待は、まだ大きかった**のである。

未来の事は誰にもわからない。前澤マジックの隠し玉がすでに用意されているのかもしれない。若きオーナー社長の常識を破る経営手腕とアイデアに、今後も注目していきたい。

Point

- 市場の現状や変化に常にアンテナを張る
- 業界の基本を知らなければ持続する成功は難しい
- 業界の知見と自社の強みの融合が成長につながる

市場を飲み込むアマゾン――

ファッション分野への参入

言わずと知れた超巨大グローバル企業、アマゾン。日本でも知らない人はいないだろう。日経クロストレンドのネット利用動向調査によると、2018年7月のスマートフォンからの利用者数、楽天3947万人に対して、アマゾンジャパンが4014万人と逆転。その後も差は広がりつつある。パソコンからの利用者数もアマゾンがリードし、両社共微減で推移している。

アマゾンの時価総額は、2018年5月11日で78兆円前後。これは実に**スイスのGDPを上回る金額**（名目GDP、2018年、1ドル110円換算）である。CIAも顧客に持つと言われる、企業向けクラウドサービス事業「AWS（アマゾンウェブサービス）」で稼ぎ出す巨額の利益。これをほかの成長分野に投資するビジネススタイルだ。

ファッション分野にも、惜しみなく巨額の投資を続けている。まずは米国内での現状を見てみよう。

アパレル業界では、各商品の種類数を「ＳＫＵ（ストック・キーピング・ユニット）」という言葉で表す。例えばホワイトとブラック2色展開のＴシャツで、サイズがＳ／Ｍ／Ｌだとすると、６ＳＫＵと表現する。

アマゾンの商品ＳＫＵは34・3万。米国の大型百貨店の代名詞とも言えるメイシーズの8・5万と比べると、まさに桁違いなことがわかる。幅広い品揃えが、消費者への求心力になっていることは間違いない。

日本ではアマゾンにディスカウンター（割引販売をする企業）のイメージが残るが、米国では、アマゾンへの有名ファッションブランドの拡充が進んでいる。カルバン・クライン、ケイト・スペードニューヨーク、ラコステ、リーバイ・ストラウス、ナイキなどが直接取引している。次章でも述べるが、ＧＡＰがアマゾン専用のライン販売を検討しているとの噂も実しやかに聞こえる。

日本では販売していないが、アマゾンは２０１６年2月にオリジナルの七つの自社ファッションブランドをスタートさせた。やはり物流が大きな武器である。即日配達、送料も安い。その上返品無料。

アマゾンは、すでに米国で最大のファッション販売企業に数えられるようになっているのである。

消費者のニーズに応える

アマゾンの日本での法人設立は1998年。日本版サイトのオープンは2000年11月である。翌2001年にジャスパー・チャン氏が社長就任。この段階でアマゾンはファッション商品を取り扱っていなかったが、日本の消費者は、頻繁にアマゾンでファッションアイテムのワードを検索するようになる。

アマゾンジャパン合同会社バイスプレジデント、ファッション事業部門統括事業本部長のジェームス・ピータース氏いわく、検索ランキングが毎日上がっていくのを見て、「じゃあやろう」となったそうだ。**お客様のニーズを充足しなければならないと考えた**のだと。アマゾンらしい発想である。

そして2007年からファッションアイテムの取り扱いを開始。2014年には新カテゴリー「アマゾンファッション」がスタートする。いまや日本でも有数のファッションオンラインストアに成長した。

アマゾンの四つの柱は、「品揃えを増やし、適正価格で提供し、素早くお届けし、カスタマーサービスを高めていく」である。品揃えはその重要な要素のひとつだ。ジェームス氏によれば、２０１７年だけでも１０００以上のブランドを追加。約１０００万点の洋服、靴、ジュエリーなどを販売している。

また、出店者にとっては、**世界中の人々に商品を販売できる**点も大きい。日本からも、67カ国の服を着るすべての人々をターゲットに届けられている。アマゾンの中でも最も成長しているカテゴリーのひとつである。

２０１８年10月には場所と時間を選ばない購入体験として、プライム会員向け新サービス「プライム・ワードローブ」が開始された。アマゾンのファッション商品から３〜８点を自宅に取り寄せることができる。到着後７日間で試着し、気に入らなかった商品は無料で返品可能。**不可能といわれたECでの購入前の試着を自宅で可能にした**。このサービスは、米国では２０１７年６月にスタートしている。

これからは、ＥＣでも試着が当然になるかもしれない。ただ、日本で先行するロコンドでの返品率は26パーセント程度と聞く。大きな課題ではあるが、アマゾンは自社の最大の強みである顧客のビッグデータを生かして返品率を下げ、個々の顧客向けリコメンド機能の向上を図っていくだろう。

アマゾンの課題

もちろんアマゾンにも課題は存在する。

まず、ファッション商品は本やＤＶＤと違い、**類似商品が多い**点。つまり同一条件で検索しても、膨大な商品数が出てくるということだ。豊富過ぎる品揃えが、消費者のストレスになる可能性もある。逆に、意外とマニアックな商品は少ないようである。

そして最大の懸念が、**ブランド商品の真贋(しんがん)問題**である。著者から見れば明らかに偽物とわかる価格の商品が、平気で販売されている。その上、推奨商品になっていたりする。非常に残念である。

いかにＡＩで監視しているとはいえ、膨大な出品商品をすべてコントロールするのは無理だろうが、真摯な取り組みが必要だ。国際的な知的財産保護の対策機関「ユニオン・デ・ファブリカン」との強い協力や、特定ブランドの日本正規代理店との密接な情報提供など、より強力な対応の早期実施を期待する。

これはアマゾンに限らず通販企業全てに言えることだが、宅配料金の値上げという課題もある。今後さらに上がることはあっても、下がる理由は見当たらない。アマゾンは米国内空輸の依頼先のフェデックスとの契約を２０１９年6月で終了する。航空機を含めた自前の輸送網構築を急いでいる。

確実に増える「オムニコマース（インターネットを介した消費）顧客」への対応は、実店舗網を持つ企業が優位である。

この点では、すでに対策が見られる。アマゾンは自然食品スーパーマーケットチェーンのホールフーズ・マーケットをＭ＆Ａ。また48州に１１５０店を展開する百貨店コールズと提携し、２００店以上で商品を販売、全店で無料返品を受け付けている。さらなるＭ＆Ａの候補として見据えているのは、いつも噂に出る百貨店なのかコンビニチェーンなのかはわからないが、その先にあるのは、他者に頼らない流通網の確立だろう。

日本ファッション業界のプラットフォーマー

２０１６年、アマゾンジャパンは日本ファッション・ウィーク推進機構が毎年2回主催する、「東京ファッションウィーク」の冠スポンサーになった。同年10月にはイベントの名称を「アマゾン　ファッション　ウィーク東京」に変更。

２０１９年3月に開催された、「アマゾン　ファッション　ウィーク東京２０１９年秋冬」の参加ブランド数は52。その内初参加が14、海外勢が6だった。海外を舞台にしている日本ブランドのビューティフルピープルやコシェなどの積極的な参加も見られた。世界的に存在感の薄い東京コレクションを、盛り上げてほしい。

２０１８年3月15日、アマゾンはアマゾンファッション専用の撮影スタジオを東京品川にオープン。ニューヨーク、ロンドン、インドのデリーに次いで4番目のスタジオで、その規模は過去最大の７５００平方メートルと発表された。

11のスチール撮影ブース、５つの動画撮影ブース、２つの編集スタジオ、ヘア&メイクエリア、ライブラリー、ラウンジ、会議室。さらに今後の成長を支える十分なスペースを備えている。年間で１００万点以上の商品画像、動画を撮影製作し、イベントスペースとしても機能させる。雇用計画も数千人規模を発表。

この本気の投資姿勢は、高いデザインレベルのサイトの追求である。着用時の様子を３６０度から見ることのできる動画制作や、デザインの統一感。見やすく使いやすいサイトを目指す。

ピーターース氏の発言を聞けば、その意図がよくわかる。

「ファッションだけでも、お客様の50パーセント以上がモバイルから購入されています。いままでのような隣り合わせのルールはありません。重要なのはそれぞれの人のスタイル。どんな風にファッションで自分を表現したいかは、一人ひとりが決めればいいことです。アマゾンのような商品の見せ方をするお店があることによって、これとこれを合わせたいという選択がしやすくなると思います。将来的にもそういう方向に進むと思います」

アマゾンは、日本ファッション業界においても、確実にプラットフォーマーになりつつある。**ファッションビジネスの本質を理解し、長期的な視野で供給側から消費者視点までをも俯瞰(ふかん)している**。2020年には、日本市場でのEC構成比が14パーセント、売り上げ2・6兆円に届くといわれている。いや、まだ14パーセントしかないと理解するのが本来だろう。ECの伸長はまだまだこれからである。

Point

- 変化する時代への対応がアマゾンを育てた
- 消費者のニーズに沿うことがビジネスの原点
- EC市場はまだまだ拡大していく

アマゾンが見据える未来――

新しいテクノロジーの展開

アマゾンはその技術力を生かし、次々と新しいテクノロジーを展開している。

まずは大きな話題となった無人コンビニエンスストア、アマゾン・ゴーである。2018年1月、アマゾン本社のあるシアトルに1号店がオープンした。入店時に個人認証され、商品を持って店を出るだけで買い物が完了する。何とも味気ないショッピングではあるが、AIとテクノロジーの先端を体験できる。この中にアマゾンオリジナルの衣類が並んでも、まったく不思議ではない。

2017年4月には、米国内で音声アシスト端末「エコー・ルック」が発売された。音声アシストの「アマゾン・エコー」にカメラを搭載した、ファッションチェックのためのデバイスである。「写真を撮って」「ビデオを回して」と音声操作が可能。自身のスタイルやコーディネートを簡単にチェックできる。

撮影した画像は専用アプリで保存され、いつでも確認できる。さらに、選んだ2枚の写真を比べ、どちらが良く見えるかをパーセンテージで比較してくれる機能もある。驚くのは、深度センサー搭載で自身以外の背景をぼかしてくれることだ。撮影場所や部屋の状況もわからない。これなら安心してインスタグラムで共有できる。

搭載されたＡＩが、そうした機能が実際に役立ったかどうかのフィードバックをディープラーニングして、より精度を高めていく。

さらに大量の画像データを生かしたＡＩファッションデザイナーの研究も進んでいる。インスタグラム、フェイスブック及びエコー・ルックの膨大な画像データに、ファッションントレンドをプラスしてＡＩがファッションデザインするのである。これもいずれ実現するだろう。

これらのテクノロジーの進化の先に、**顧客の好みにピッタリのリコメンド商品を推奨してくれるシステム**の完成があることは間違いない。

アマゾン究極の目的

アマゾンが目指すものは、他社の商品の販売データと日々アップされる画像データから見える、トレンドや傾向を正確に踏まえた商品企画だろう。母数が大きければ大きいほど、統計精度は高くなる。**究極の目的は、利益率の高いオリジナル商品の販売**である。

２０１７年９月には実験的とはいえ、ヨーロッパで「find」と名付けたオリジナルファッションブランドのコレクションをスタートさせている。欧州メディアの『Ecommerce News - Europe』によれば、アマゾンはファッションの中心地であるヨーロッパで成功させ、ヨーロッパのイメージを持つブランドとして米国での販売に結びつけるだろうと記されている。今後の推移を注目したいブランドである。

しかし、テクノロジーによる商品開発で最大公約数的な売れ筋は作れるだろうが、デザインとしての個性は生み出せない。ファッションの魅力には、意外性や初めて見る美しさなど、データにつながらない要素もある。これは**ＡＩでは提供できない価値**である。いままでになかったクリエイティブな商品は、やはり人間にしか創造できない。

著者が注目するのは、そのゾーンを埋める場となり得る「Amazon Fashion "AT

TOKYO"(以下、ＡＴ ＴＯＫＹＯ)」だ。これは先ほど説明した「アマゾン ファッション ウィーク東京」のオリジナルプログラムである。

このプログラムの狙いは、新人デザイナーへの多面的サポートである。例えば音楽、アート、テクノロジーとのコラボレーション。デザイナーはインスピレーションを得ることができると共に、それら異分野のフォロワーも舞い込む機会となる。新しいコミュニティであり、ファッションのハブを目指している。

「ＡＴ ＴＯＫＹＯ」はイベントだけでなく、サイト上でも展開されている。新しいブランドを集めた「BRAND STORE」での販売。東京で活躍する人たちが、自身のライフスタイルに欠かせないアイテムをアマゾンからセレクトして紹介する「MY AMAZON」。「ＡＴ ＴＯＫＹＯ」は確実にアマゾンのファッションイメージを高め、定着させていくと共に、東京発信の有能な新人デザイナーを取り込みつつある。５年後に注目を浴びる東京発のデザイナーは、ほとんどアマゾンから生まれるであろう。

一方、米国でも２０１５年からファッションを志す学生のサポートプログラム「Amazon Fashion Studio Sessions」がスタートした。こうした取り組みにより、アマゾンは業界とのつながりを深めている。

２０１９年5月、アマゾンファッションは人気インフルエンサーをデザイナーに起用した新サービス「ザ・ドロップ」を発表。日本からはLAUTASHI（ラウタシー）のデザイナーでモデルの鈴木（すずき）えみが参加。アマゾンショッピングアプリまたはモバイルブラウザで、公開後30時間限定で注文を受け付ける。パソコンからの注文は不可。詳細はSMSのみで通知するという、ウェブならではのビジネスモデルである。

アマゾンのこうした動きは、ファッション業界にとって新しい希望なのか、それとも危機でしかないのか、いまだ答えは見えない。ただし、**楽観できない未来であることには違いない**だろう。

Point

- アマゾンは自社のリソースを最大限生かして成長
- AIには提供できない価値の創造も必要
- アマゾンが業界全体を飲み込むこともあり得る

生き残る種とは、最も強いものではない。
最も知的なものでもない。
それは、変化に最もよく適応したものである。

チャールズ・ダーウィン（自然科学者／1809〜1882）

第2章

ユニクロVS GAP

２０１６年、ユニクロを擁するファーストリテイリングが目標としていた米国のＧＡＰ社を売り上げで抜き、ファッション業界世界第３位となった。２０１８年８月期の決算で売上高２兆１３００億円。２０１９年の予想売上高は２兆３０００億円。国内売上より海外売上が上回る、まさに日本を代表するグローバル企業である。

ＧＡＰ社傘下のブランドは、ＧＡＰにBANANA REPUBLIC（バナナリパブリック）、そしてOLD NAVY（オールドネイビー）である。オールドネイビーは２０１２年、お台場に日本初出店。４年で53店舗まで拡大しながらも、２０１７年１月に日本から完全撤退したことは記憶に新しい。

ＧＡＰ社の売り上げは未公開だが、著者の聞き取り調査によると、ＧＡＰ社全体の売上額のうち、アジアが10パーセント前後だという。そこから推測すると、ＧＡＰのブランドを日本で展開するギャップジャパンの売り上げは、ピークの２０１５年に１０８０億円前後、２０１８年では６００億円前後だろう。

両社の最近の売り上げ金額を比較してみると、衰退するＧＡＰと、成長するファーストリテイリングと映る（図２）。両社を分けているものは何なのだろうか。

図2 ファーストリテイリングとGAPの業績推移

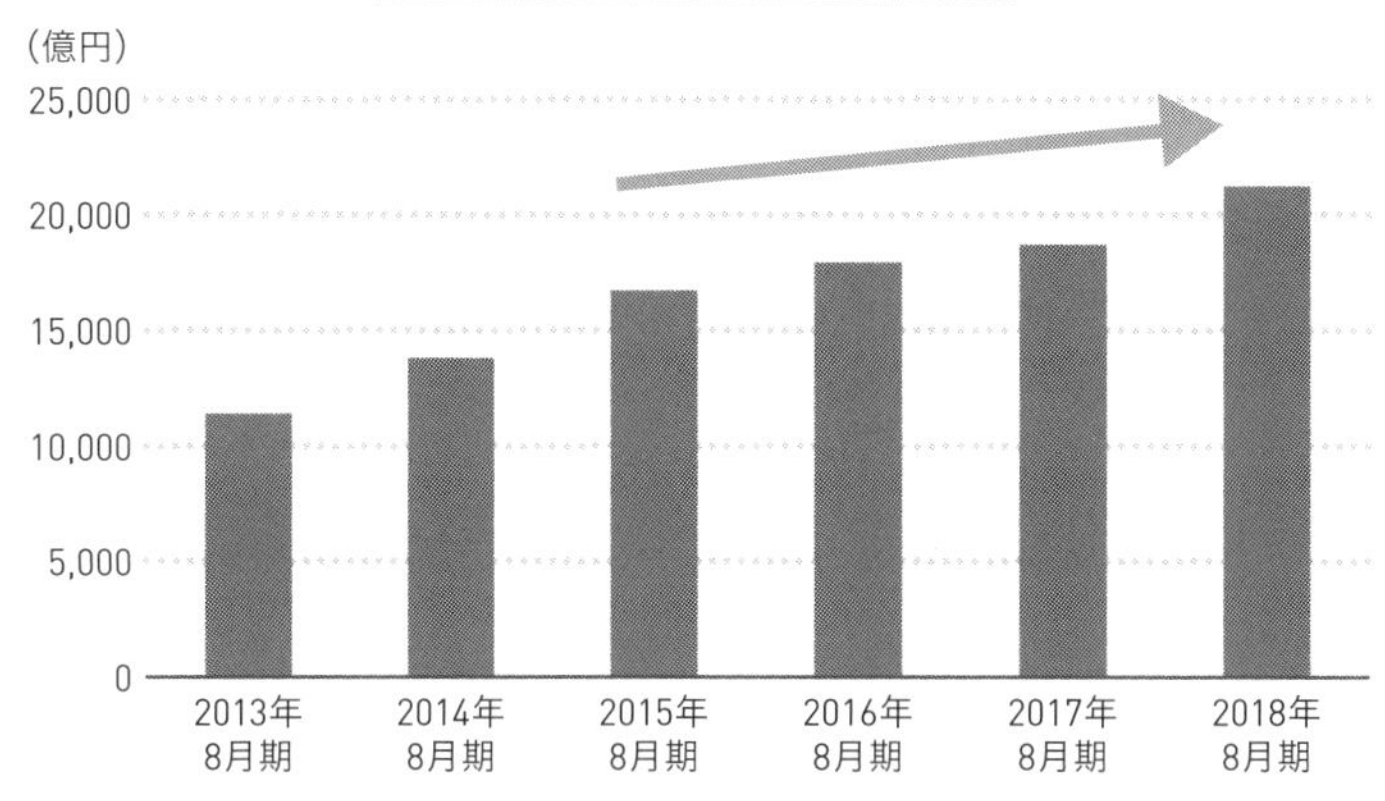

出所：株式会社ファーストリテイリングホームページ「連結業績推移」を基に作成

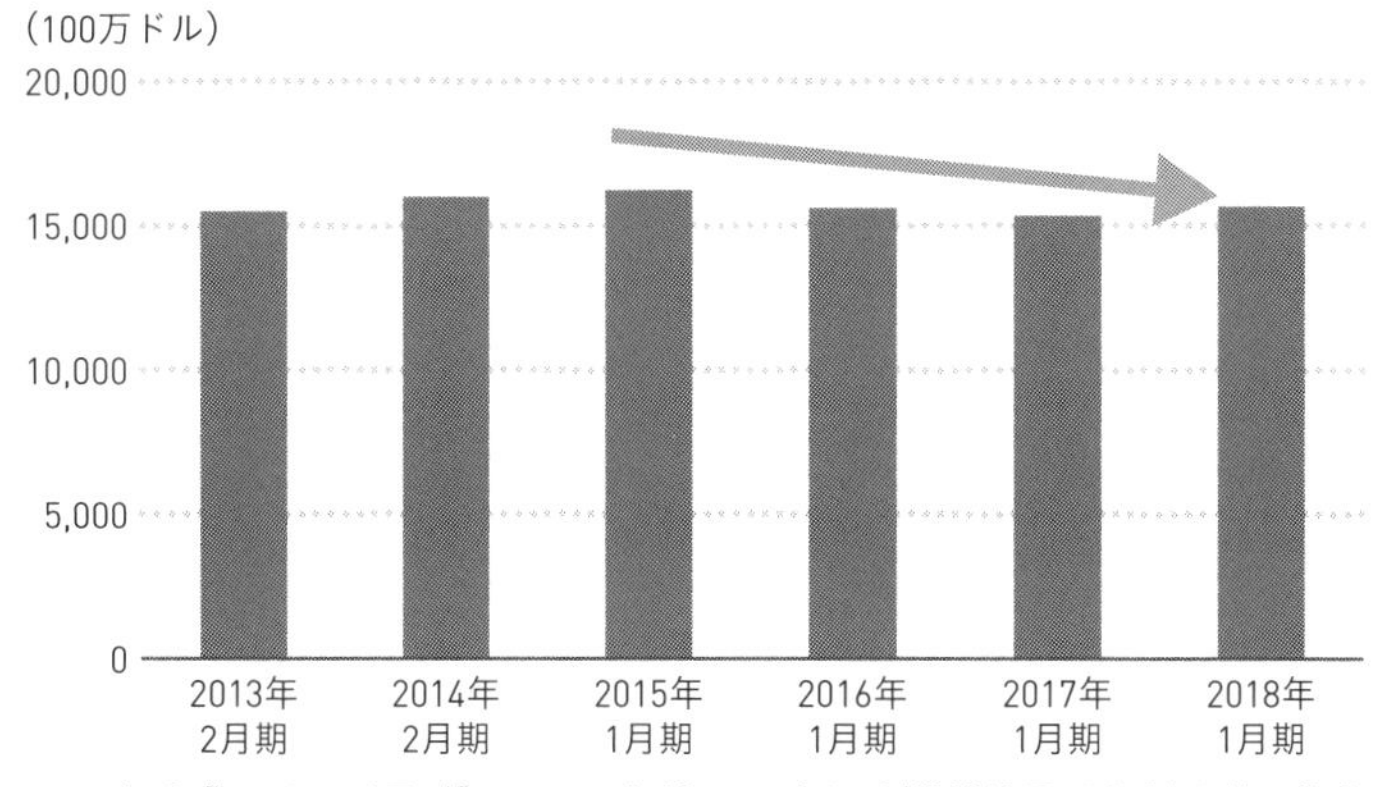

出所：『Stockclip』及び『アパレルビジネスマガジン』（繊維流通研究会）を基に作成

米国最大手アパレルの衰退

GAPの先進性

1969年、サンフランシスコのフィッシャー夫妻が、リーバイスの販売店としてGAP社を創業した。2019年には創業50周年を迎える。社名は夫妻が友人たちと「ジェネレーション・ギャップ」について話していたことが由来となっている。

GAPの先進性は、服の流通革命を起こしたことにある。日本のアパレル企業は、現在でも製品で仕入れ、主に百貨店に卸す。つまり製造コストに**各流通段階での収益が複層に加算されて、小売値段が決まる。**一般論だが、製造コストは通常、定価の2割から3割5分である。いかに中間マージンの割合が大きいかがわかるだろう。

1986年、GAPはPBとして自ら生産し、小売までをも手掛ける業態を開発する。自社で工場に発注し、自店で消費者に直接販売。その業態にはリスクもあるが、利益率は大きく改善された。その結果、小売値段を低く設定できたことにより、大いに消費者に受け入れられるようになる。繊維業界専門紙の繊研新聞社は、この新しい業態を「SPA（製造小売業）」と名付けた。まさにGAPを指す業界用語だった。

この業態を土台に、GAPはアメリカンスタンダードとしての地位を確立する。日本では1995年、数寄屋橋（すきやばし）阪急に第1号店をオープンして、大きな反響を呼んだ。

3年間で200店舗の閉鎖

GAP社は、2018年時点で、全世界にGAPブランド店約1700店舗を展開。その内北米が800店弱を占める。日本には154店舗、ほかのアジア地域で約170店を展開している。米国からのウェブ販売先は90カ国を越える。

近年、この衣料品小売業米国最大手とも言える企業に、衰えが見え始めている。

2018年3月6日に33・43ドルだった株価は、2019年1月14日に25・33ドルにまで下落。売上比率を見ると、メインブランドのGAPではなく、姉妹ブランドのオールドネイビーが全社売上の45・7パーセントと大きな割合を占めている。かつて主力だったGAPは33・5パーセント、バナナリパブリックが15パーセントと苦戦が伝えられている。

この背景には、北米に展開している店舗の不振がある。２０１８年には、これから３年間でさらに２００店舗を閉鎖すると発表した。

ただし、こうした苦境はＧＡＰ社に限った話ではない。同年の米国の投資・調査会社コーエン・アンド・カンパニーの最新小売業報告書によると、米国の一人当たりの小売りスペースは23・5平方フィート（約7坪）。世界一の広さである。ちなみに日本は4・4平方フィート（1・3坪）。もちろん国土面積に違いはあるが、米国ではいかに余剰かが計り知れる。

実際に、米国ではここ数年で、何百軒ものショッピングモールが閉鎖している。同報告書では、小売業の中は大都市圏のトップモールが売り上げをより伸ばし、明暗が分かれるだろうと予測されている。**米国は大量閉店の「序盤」にいる**と。

そこから見ると、ＧＡＰ社の２００店舗の閉店は正しい判断と言える。この後に詳しく述べていくが、消費者のショッピングの楽しみ方は、大きく変わった。**衣服に求められている価値観そのものが変わっている**のだ。

一方で、ＧＡＰ社には明るい材料も見受けられる。２０１８年10月には、米国内だけではあるが同社12年ぶりの新ブランドHill City（ヒルシティ）が公式ＥＣサイトで販売をスタートした。また、これまでＧＡＰ社はアマゾンとの取り組みに慎重だったが、アマゾンだけの特別なコレクションを打ち出すことや、将来の提携に含みを持った発言も聞こえてくる。アマゾンによるM&Aの可能性も、ゼロとは言えないであろう。

2018年6月20日付で、GAP社はCEO兼プレジデントに、Eddie Bauer（エディ・バウアー）などで20年の業界経験を持つ、ネイル・フィスク氏を迎えた。注力が必要なオンライン販売や、日本の流通にも精通した人物である。彼の手腕によるリブランディングが期待されている。

GAP社は2018年度第四半期の決算発表で、好調なオールドネイビーを別会社として切り離すと発表。決算内容も前年より好転している。この再編計画発表後、2月28日付で株価は急伸した。

今後はデジタル分野への投資、リージョナル（地方）への対応、期中の商品投入の改善などによる、一日も早い業績回復を強く期待したい。

Point

- 中間マージンを廃した業態が顧客を増大させた
- 小売業は大きな衰退を見せている
- 業績回復には新たな挑戦が不可欠

勢いに乗るユニクロ──

素材の差別化

ファーストリテイリングの核ブランドであるユニクロ、及び実質創業者の柳井正(やないただし)氏に関しては、多くの著作や雑誌の特集などがある。著者はファッション業界の実務経験を生かし、それらとは少し違う複数の視点から、勢いに乗るユニクロの成功を支える背景を探っていく。

GAPの日本第一号店がオープンする少し前、1994年7月に、ファーストリテイリングは広島証券取引所に上場した。地方のカジュアル店からの大きな飛躍。GAP社と同様のSPAを目指したのである。

ファーストリテイリングのステートメントは、「服を変え、常識を変え、世界を変えていく」である。服を変える、つまり**他社との商品差別化を図るための最良の手段は、素**

材からの差別化である。

現状のユニクロのオリジナル素材の生産ロット（最低生産量）はとても大きく、他社は追随が難しいと言える。その生産を支えているのが、繊維メーカーだ。ここでは46社と発表されている取引先から、２社を取り上げる。

最大のパートナーは東レだ。取引は１９９９年に始まり、柳井氏は２０００年４月にファーストリテイリングの全役員（当時）と共に、東レの前田勝之助会長、平井克彦社長（共に当時）を訪ねた。このとき、まだ新興企業であったファーストリテイリングから、業界を代表する老舗名門保守企業への前代未聞の申し入れがなされたのである。**柳井氏の常識を超えた熱い思いと具体的目標、行動力が、東レ側の気持ちを揺さぶった**といわれる。

同年５月には、専任スタッフ部署が設置された。ユニクロ側からの消費者の声と、東レの技術者の知見がぶつかり、侃々諤々。結果、いまでは誰もが知る機能性下着「ヒートテック」などの製品化につながった。**まさしく新しい市場の創造**だった。年齢、性別を超えたユニクロらしい商品開発である。

両社は２０１６年に「第Ⅲ期戦略的パートナーシップ」を締結。「LifeWear」や

「MADE FOR ALL」のコンセプトの下、製品開発を進めている。

もう1社、デニム生地メーカー、カイハラとの取り組みを見てみよう。

カイハラは広島に本社を置き、日本で唯一、自社で紡績から一貫してデニム生地を生産できる企業である。複数の世界的有名ブランドにもデニム生地を提供している、ファッション業界では知らない人がいないメーカーだ。

業界を驚愕させたのが、**カイハラからユニクロへの、セルビッジデニムの提供**だった。この生地は旧式の織機を使うため生産量が限られる。特徴は縫い合わせの個所に「赤耳」と呼ばれる赤い糸が出ること。「ヘヴィデニム」といって生地が厚く、長く着用すると表面の凹凸が摩擦を生み、独特の色落ちを楽しめる。そうした希少性の高さが、デニム好きにはたまらない。

通常なら、セルビッジデニムの小売価額は1万円以上だろう。これがユニクロでは3990円で販売される。業界では反則と呼ばれるほどの衝撃だった。なぜこのような取引が成立しているのか。その大きな発注量もあるが、同じに見えるデニムであっても、コストは変わる。「番手（糸の太さの単位）」や「打ち込み（織密度）」を抑えてコストダウンを図っているのだろう。

製品の差別化

良質の素材を集めることができれば、次は製品化だ。

ファーストリテイリングの目標達成のためには、いくつかのポートフォリオ構成が必要だ。まずは顧客セグメントのない実用衣料市場向けのユニクロ。次に２０１８年に２１１８億円を売り上げたファストファッションブランドGU。

そして２００９年に買収を発表した、米高級婦人服ブランドのTheory（セオリー）である。海外ブランド類の多くは赤字が伝えられているが、セオリーのセカンドラインであるPLST（プラステ）が売上高２００億円に育ち、大きく注目されている。百貨店など、従来のチャネルとは違う市場での成長である。

また、注目デザイナーとの協業も魅力的だ。２０１８年、５年契約の継続をクリストフ・ルメール氏とサイン。アレキサンダー・ワン氏とのヒートテックも話題を呼んだ。

製品の差別化のためには、上質な縫製工場が必要不可欠である。同じ仕様書で同素材であっても、縫製の良し悪しで製品の〝顔〟、つまり見栄えが違う。世界中の有力ファッション企業にとって、レベルの高い縫製工場の確保は最重要課題だ。
公表されている資料から、2社の事例を引く。

まずは世界最大の縫製企業、香港のクリスタル・インターナショナルだ。2016年12月期の売り上げは1992億円。2017年に香港証券取引所に上場。5カ国に7万人の従業員を抱える縫製企業である。

次は日本最大の縫製企業、広島県福山市に本社を置くマツオカコーポレーションである。2017年に東証1部に上場。2018年3月期の売り上げは567億円だった。中国、ミャンマー、バングラデシュに展開し、1万人の従業員を擁する。現在も業容は拡大中である。2.89パーセントの株主であるユニクロの売り上げが7割を占め、まさにパートナーと言える。

これらのパートナー工場に、ユニクロは技術者を派遣。かつ現地事務所から品質担当者が頻繁に訪れる。**日本の消費者が満足するレベルを保ち続けながら、工場が成長すること**を共通の目標としている。

物流の効率化

製品が完成したら、検品、輸出、輸入し、倉庫から各店舗や消費者へ配送となる。現在アパレル業界では、ロジスティック（物流）の効率化が最大課題のひとつともなっている。人材不足によるコスト高騰、即日配達への挑戦、ＡＩを使った作業ロボット化など、課題は多岐に渡る。

ロジスティクスにおけるユニクロのパートナーは、〝流通力〟を掲げる日本企業、ダイフクである。同社は非接触で複数のタグのデータを一気にスキャンできる「ＲＦＩＤ」というシステムを使い、世界規模での倉庫の無人化を目指している。

また、倉庫の在庫管理、生産管理、需要予測などのため、ユニクロはグーグルとの協業でアジア初のＡＳＬ（アドバンスド・ソリューションズ・ラボ）を東京に立ち上げることを発表した。

知名度の上昇

２０１４年、ファーストリテイリングは、米国の大手広告会社ワイデン＋ケネディの元日本支社長であるジョン・ジェイ氏を、グローバルクリエイティブ統括として招聘(しょうへい)すると発表した。ジェイ氏は１９９９年から、同社のクリエイティブパートナーとして、その基盤を作って来た人物である。ＴＶＣＭで火の付いたフリースブームを覚えている方も多いのではないだろうか。ユニクロは世界３大広告賞すべてのグランプリを獲得。現在のレベルの高い媒体活用を実現している。

知名度の上昇に合わせて、ユニクロは新規出店を増やしている。当然だが、売場の拡大は確実に売り上げ向上につながる。２０１８年８月にスウェーデンに出店、10月には東南アジア最大のグローバル旗艦店（旗艦店の意味については後述）をフィリピンに、秋にはハワイ・アラモアナセンター、オランダと新規出店が続いた。２０１９年春にはデンマーク・コペンハーゲン、２０１９年秋にはベトナム・ホーチミン、インド・デリーにも初出店が発表された。いずれも今後中間層の増大が予測される国だ。売上伸長に直結するだろう。

ユニクロは2019年1月に、スウェーデンオリンピック委員会とパートナーシップを締結。スウェーデンはファストファッション世界第2位、H&M（ヘネスアンドマウリッツ／エイチアンドエム）の本社のある国だ。これでヨーロッパでの知名度も上がるだろう。

ファーストリテイリングは売り上げ1兆円を超えたとき、目標を3兆円に設定した。柳井氏の「3兆円の次は10兆円だ」という発言もある（後に5兆円に修正）。となると競合相手は、アパレル業界世界第1位、ZARA（ザラ）のブランドを持つインディテックス社やH&Mではなくなる。世界最大手のスポーツブランドである**ナイキやアディダス、小売業としてはアマゾン、アリババを競合と意識すべき**である。ユニクロは単なる日常着だけでなく、スポーツを強く意識したアスレジャー分野へも進出しているが、当然の流れではないだろうか。

まずは目標3兆円という日本ファッション企業の最高峰に到達することを、著者は深く祈念する。

ユニクロ最大のリスクとは

株式アナリストやファッション業界人からは、ある懸念が常にユニクロ最大のリスクとして語られている。それは、柳井氏以後についてである。

確かに、過去の役員総入れ替えや社長復帰など、彼の瞬時の大胆な決裁力には、目を見張るものがある。失敗を乗り越えて大きく飛躍した海外進出も、柳井氏が大きな推進力となった。地方チェーン企業からグローバルブランド企業への成長の裏には、日本企業とは思えない柔軟性があった。

人事制度、報酬制度、採用制度など、会社の仕組みとしても注目すべき点が多い。いまだに新卒採用や年功序列に縛られているほかの日本のアパレル企業は、多くを学ぶべきである。その問題については後の章で詳細を述べる。

特出した人物や企業には、毀誉褒貶(きよほうへん)が付きものだ。

2018年にユニクロの新たなグローバルブランドアンバサダーに、プロテニスプレヤーのロジャー・フェデラー氏が就任した。あくまで著者の聞き取り情報だが、ロジァー・フェデラー選手の契約金は年間3億円で、10年契約。合計30億円の契約と噂されている。

この大型契約は柳井氏には事後報告だったという。ファーストリテイリングの**組織体制が、創業者個人がすべてを決裁するものではなくなっている**ことは明白だ。すでに3兆円、5兆円を目指す体制は出来ているのである。

柳井氏は創業者として、今後も華やかな場面に登場されるだろう。ユニクロへの執着とも呼べるほどの思いは、死ぬまで消えないだろう。過去、柳井氏は何度も社長に世襲はないと発言している。その正否は時間が教えてくれるはずだ。

Point

- あらゆる面での差別化が圧倒的な競争力を生む
- 真摯な商品開発が新しい市場をつくる
- 最適のパートナー選びが結果を呼び込む

銀座旗艦店を観測する

①MD（マーチャンダイジング）

次は、実際に両者の店舗を比較してみよう。

著者は2019年1月に、ユニクロとGAPの両旗艦店（フラッグショップ）を訪れた。旗艦とは海軍艦隊の最高司令官が乗船する船のことで、艦隊全体を指揮する役割を持つ。そこから転じて、旗艦店とは、そのブランドの顔となり、世界観を表現する重要な店舗を指す。

GAPは2011年に、国内最大店の「GAPフラッグシップ銀座」をオープンした。またユニクロも2012年、銀座中央通りに世界最大規模のグローバル旗艦店をオープンしている。この二つのフラッグショップの具体例を取り上げながら、その意図や狙いを読み解いていく。

ファッションビジネスで最も重要なのが、MDである。ＭＤとは、「五つの適正」のことを指す。「商品」「時期」「場所」「量」「価格」の適正な提供。これらの担当者をマーチャンダイザーと呼ぶ。

筆者が訪れたのは、これから需要が生まれる春物商品と冬物の在庫商品を売り切る時期だ。この視点で以下の考察を読み進めていただきたい。

ＧＡＰは各3層のフロアに、セール商品とプロパー商品の売場を併設している。「40％引き！」というように、垂れ幕で大きくディスカウント率を表示。アナログな方法と言えるだろう。

見切品（最終処分商品）は小さなコーナーに集めて販売。春物は「ニューアライバル」の表示と共に並んでいる。商品、時期、場所から考えると、ここは適正と思える。

では価格はどうか。ＧＡＰの看板商品、デニムパンツのメンズを見ると、ベーシックな９９００円の商品から、「〝カイハラ〟リジット」１万４９００円。ソックスは1足９００円である。

さして値頃感はない。例えば、特別なオーガニックコットン製のデニム素材でアレルギー持ちの人でも履ける、あるいは１９７０年代の特別な織機で織られたストックデニム素材を使用している、などといったストーリーが各商品にあれば、価格と商品とのバランスも取れるかもしれない。しかし何も表示はなかった。

お客様からすれば、普通のデニムである。もし「なぜこんなに高いのか」と聞かれたらどう説明するのだろうか。販売員のクロージングを聞きたくなった。

昨年、米ＧＡＰ社のアート・ペックＣＥＯは、売り上げの10年間の右肩下がりの原因として、流行やデザイン、品質のレベルで大きな問題を抱えていると認めている。まさにその通りで、残念ながら対応策が果敢に取られている様子はまったく感じられなかった。早急な改善を期待する。

では、一方のユニクロはどうか。

ファッションと聞くと、最先端の華やかな流行商品を思い浮かべるかもしれない。「ファストファッション」と呼ばれるＳＰＡ他社はこの市場を主体としている。しかしこの分野では、当然、顧客の年齢、性別などが狭くなる。また、自分たちではコントロールできない気温や天候などにも、購買意欲が左右されやすいというリスクがある。

一方で日常品としての繊維商品、例えば下着やソックスなどの消耗品には、安定的かつ大きな市場がある。性別、年齢、人種を問わず必要な商品なのである。

ここに、ユニクロのMDの特徴であり、大きな強みとなっている点がある。ユニクロの日常繊維品マーケットのシェアはダントツである。こうした商品群は、基本的に値引きせずとも売れる。この日も値引きのないプロパー展開だった。

ユニクロは売り場面積の割にSKUが少ない。競合ブランドであるZARAを例に取ると、シーズン内に大量のデザイン・素材を使用し、完売しても追加生産をしない。店頭の鮮度を保ち、常に新しい商品を供給し続ける。これは消費者のセグメントを明確にしているからである。逆にユニクロは、**常時同じ商品を販売するため、1SKU当たりの生産量を多くできる。そのため、コストダウンが容易に図れる**のである。

これらの定番商品に、季節を通して販売できる、デニム、コットンパンツ、Tシャツ、カジュアルシャツなどが並ぶ。サイズ、カラーを切らさずに、必要なときに必要な枚数が適正に揃えられている。オーソドックスなアイテムであるため、他社の製品とも組合せやすいという特徴もある。全売場面積に占めるこれらの売場面積比率は、売り上げ安定の大きな要素である。

同時に、流行に敏感な消費者市場向けの商品も展開されている。著者が訪れた店舗の入口には、2月1日発売として、クリストフ・ルメールが率いるデザイナーチームによる、「Uniqlo U（ユニクロユー）」のカタログが準備されていた。ベーシックながらファッショナブル。〝いま〟を取り入れた鮮度により、**来店者の多様性に大きな広がりを実現**させている。

ＭＤの大切な要素である価格を見ても、デニムは３９９０円。カイハラデニム商品も同価格で揃っている。ソックス３足９９０円。ＧＡＰと比べると明らかに安い価格だ。

ＧＡＰのマーチャンダイザーは、ユニクロを競合先とは見ていないのであろうか。著者がデニム商品を見比べても、素材、加工、縫製などに大きな違いは見当たらない。それにＧＡＰのデニム関連商品の生産量がユニクロに劣るとは思えない。つまり生産コストに大きな隔離は生まれないはずだ。それなのになぜ、ＭＤの違いが生まれるのだろうか。

②ＶＭＤ（ビジュアル・マーチャンダイジング）

ＶＭＤとは、**視覚で商品の良さを訴える手法**のことである。

わかり易くいえば、ウインドウのディスプレイ、ショップ内での商品陳列、組み合せ表現例、ショップ全体の見せ方などである。一般の消費者へ、言語を必要とせず、視覚イメージで訴える。

この視点で2店を見比べてみよう。

著者が訪れたのは、セールも一段落し、春物の販売がスタートする頃である。ファッション業界では、通常、年間を52週に分けたMD計画を立てる。ウインドウも店内も新製品を見せ、新しい需要を呼び込むためのVMDを凝らす。

GAPは、2011年のオープン当時は斬新だったシンプルロゴ、ガラスのファサード。オープン時と大きな違いは見られない。良くいえばオーセンティック（伝統的）。悪くいえば、鮮度に欠け魅力的ではない。通行客に入店動機を与えるレベルには見えない。店内もオーセンティックなまま。

VMDは世界共通が基本である。米国本国でもこのレベルの展開と推測できる。

一方のユニクロを銀座の中央通りから見上げると、2階ごとにコーディネートされた12体のマネキンが並んでいる。「ウエルカムゲート」と名付けられた1階のウインドウと通路中央にも、マネキンがたくさん並んでいる。また、各階下りエスカレーターの前には必ずマネキンが並ぶレイアウトになっている。複数のマネキンに使われている商品もあるが、コーディネートはすべて違う。そのレベルは、訪れるたびに向上しているように見える。店内表示もデジタル化されており、新鮮さを感じる。メッセージ、映像の変更も容易にできるのだろう。この店舗は、日々進化している。

ＶＭＤを比較すれば、両者の考え方に大きな違いがあるのは明白である。

③販売員のスキル

接客は売り上げ向上に欠かせない大切な要素である。日常的にネットで買い物をするようになった今日では、店頭での適切な接客は強みにもなり得る。この点は後の章でも改めて触れるが、ここでは著者の訪問時に感じた点を少しだけ述べる。

ＧＡＰやユニクロなど、値頃感のあるカジュアル店では、当然、接客にもラグジュアリーブランドとは違い、フレンドリーな対応が望まれる。販売員に求められる資質の優先順位からすると、銀座のロケーションならグローバル店舗として、世界からのお客様に心地良い接客が望まれるだろう。

笑顔や愛想の良さ、豊富な商品知識などもあるだろうが、グローバルという視点から端的にいえば、他国の言語や商習慣、文化を理解しているかどうか、あるいはその幅広さである。

ＧＡＰは日本人販売員が多かったが、ユニクロは少なく感じられた。もちろんＧＡＰの日本人販売員が複数言語を話せるのかもしれないが、ユニクロがグローバル旗艦店を目指していることは明確だと言えるのではないだろうか。

Point

- 「商品」「時期」「場所」「量」「価格」の適正化
- 誰に何を売りたいかを一目で解りやすく見せる
- 販売員の日常的なレベル向上教育が必要

売上逆転の2社から学ぶ

日本を制する者が世界を制す

米GAP社が売上比率が低いからと日本市場を軽視しているのであれば、改善が必要である。

本国の何期も続く不調を解決するのが、最優先課題であることは理解できる。原宿旗艦店も2019年5月の閉鎖が発表された。青山・表参道での家賃は7億円くらいだろう。売り上げに対する家賃負担率は50パーセントが目安といわれているが、GAP原宿旗艦店の年商は8億円程度と聞く。負担率は90パーセント近いことになる。苦戦が続いた米国本社からすれば、売り上げが1割未満の子会社に細かな配慮をできないのも、致し方ないのかもしれない。

しかし、**日本は世界で最も競合の激しい〝オリンピック〟と呼ばれる市場**である。日本を制する者が世界を制する。世界1位、2位のラグジュアリーブランドが日本で試験販売し、その結果を世界での販売の判断材料にしている。ファストファッション世界一のＺＡＲＡでさえ、日本の企画会社に業務を委託している。

日本の消費者は品質にうるさく、流通する商品のデザインレベルも世界的に見て非常に高いレベルにある。日常商品にさえ、その品質を求める。この世界一うるさい消費者が、ユニクロを育て、オールドネイビーを敗退させたのである。

著者の懸念が事実であれば、**ＧＡＰ社は貴重なＭＤの情報収集機会を、自ら放棄しているる**ことになる。グローバル企業としては、本国に向き過ぎたＭＤ施策となっているように思う。聞き取り調査だが、日本には企画担当部署もないようだ。非常に残念である。

ギャップジャパンの社長であるスティーブン・セア氏は、ユニクロ勤務の経験もある。彼によると、日本では子ども向けの「GapKids」「babyGap」が好調、女性向けの下着や室内着の「LOVE BY GAP」も順調と聞く。メインブランドの立て直し、アウトレット頼みの改善にもマーケットへの真摯なリサーチが必要だとお勧めする。

変化のときこそ基本に戻る

本章ではいくつかの公式資料を中心に、2社の推移と現状、将来を記した。売り上げが伸び悩む負のスパイラルからの脱出を狙うGAP。2019年からの追加閉店は200店と発表され、売上減は確実である。企業価値は売り上げの大きさだけでは決まらないが、GAPの自己資本率の低下には懸念が残る。しかし業績の回復傾向もあり、米国企業らしく劇的な回復を大いに期待する。

一方で、多少の失敗をむしろ肥やしとしているファーストリテイリング。失われないベンチャー精神が急成長を可能にしている。

売り上げが逆転した2社から学べるのは何か。

最大の差は急変化する市場への対応にほかならない。日本企業が学ぶべき課題と対策が、この2社を比較しても明確に学べる。時代が変化しても、ビジネスの原則は何ら変わっていない。多様な変化の時期こそ基本に戻るべきである。そこには新しいチャンスが必ず隠されている。

Point

- 売り上げだけを見て情報収集の機会を失ってはならない
- 失敗を恐れずに挑戦・検証・継続する
- 原則の中に新しいチャンスが隠されている

行き詰まりは展開の一歩である。

吉川英治（小説家／1892～1962）

第3章

米国ファッション業界のいま

日本のファッション流通、業態の先行事例として、よく米国市場が参考にされる。

前章までに米国市場について少し触れたが、この章では猛烈な勢いでプレイヤーも購入方法や購入場所も大変化している、米国ファッションビジネスの〝いま〟を解説する。

ファッションに限らず、米国の小売業は、衰退の一途をたどっている。

世界最大の不動産サービス会社、クッシュマン＆ウェイクフィールド社は、2018年の米国内の小売業閉店数が1万2000店以上になるとの見方を示している。ちなみに2017年には50社ほどのチェーンストアが倒産し、約9000店舗が閉鎖された。

状況は下げ止まっておらず、消費構造の変化の凄まじさは半端ではない。小売業の崩壊と呼んでもいい状況である。

繰り返すが、この章で触れたいのは、〝先行事例〟としての米国市場である。想像以上の未来は、もうそこまで来ているのである。

マンハッタン・5番街より――

続く有名ブランドの閉店

世界有数のショッピング街、マンハッタン。２０１８年から２０１９年にかけ、米国のファッション業界の象徴であるかのように、急激な変化を遂げている。ショッピング天国と呼ばれる5番街を中心に、現状を見ていこう。

この地域は、世界でも最も家賃の高い商業地区のひとつである。米国の賃貸契約は日本より長く、通常で10年から15年。経済成長と共に物価上昇が続き、契約更新時には高額な値上げ交渉となる。

米国を代表するファッションブランド、ラルフ・ローレンのニューヨーク5番街旗艦店がオープンしたのは２０１４年。その3年後に閉店が発表され、２週間後にクローズされた。閉店の諸経費は４１２億円といわれている。また、米国を代表するファッション企業ブルックス・ブラザーズ旗艦店は、ユニクロに取って代わられた。

5番街に本店を構え、123年間続く老舗ファッションデパートヘンリベンデルにも波は及ぶ。2018年9月、5番街にある本店を含めた23の全店舗と、ECサイトの2019年1月閉店が発表された。著者も縁のあった企業で、大きな衝撃を受けた。日本のファッション関係者の定点観測店舗のひとつでもあったのだ。6月に、1914年に五番街の旗艦店をオープンした米国最古の高級百貨店ロード&テイラーも、2019年初頭の閉店を発表。

2018年3月には、日本でも多店舗展開されている、玩具界の巨人と呼ばれたトイザらスが全米の735店舗の閉鎖を発表。**「アマゾン・エフェクト」の典型**といわれている。トイザらスは2000年に10年契約を結んだ、アマゾン唯一の玩具販売業者だった。しかし販売額の急成長は、トイザらスに収益をもたらさなかった。十分な商品提供ができないことを理由に、アマゾン側から2004年に契約を破棄される。アマゾンは独自で商品調達し、玩具の販売をスタート。結末がこの全店閉鎖である。

2018年4月には、靴のナイン・ウエスト・ホールディングスも連邦破産法第11条(チャプターイレブン)の適用を申請。負債は1兆円を超えたといわれている。

暗い話題が続くが、同年10月には創業100年以上の歴史を誇り、一時は小売最大手として米国を代表する名門企業だったシアーズも連邦破産法第11条の申請をした。2016年頃より商品の供給が十分でなく、売場に商品が埋まらない状態で売上減少が続いていた。名門企業といえども、時代を読み間違えると悲惨な結果が待っているのである。

2018年12月にはサックスフィフスアベニューが、わずか2年前にワールドトレードセンター近くにオープンした店舗の閉鎖を発表。2019年3月にはトミー・ヒルフィガーの五番街旗艦店のクローズが突然発表され、4月にはマイアミ店のクローズも発表。これでトミー・ヒルフィガーの上代（定価）販売の路面店はなくなった。ただしアウトレットは200店以上ある。ブランドにとっての旗艦店は必要ない時代なのかもしれない。

ニュープレイヤーに見る希望

ファッション市場は変化し続けるのが常だ。近年ではそのスピードが増し、不確定要素も増えている。しかし、**いつの時代もオールドプレイヤーが去れば新しいプレイヤーが現れる**。5番街ではファッションブランドの旗艦店が消えていき、ナイキ、アディダス、プーマ、ザ・ノース・フェイス、アンダーアーマーなど、スポーツブランドの旗艦店が続々とオープンしている。

２０１８年11月に、ナイキは５番街57丁目のナイキタウンをクローズして、新しい旗艦店を52丁目にオープンした。「ナイキ・ハウス・オブ・イノベーション０００」である。６フロアからなる巨大ストアで、シューズの品揃えはもちろん世界トップクラス。「イノベーション」のネーミング通り、シューズのカスタムやスタッフによるコンサルティング、アプリによる利便性向上など、実験的なサービスがいろいろと楽しめるショップになっている。ナイキは２０１６年11月、ソーホー地区にショッピング・エクスペリエンスの極限を目指す旗艦店もオープンさせている。そちらの詳細は後の項にて解説する。

46丁目には、ナイキの永遠のライバル、アディダスの旗艦店が２０１６年12月にオープンしている。また、サックスフィフスアベニュー本店の向かいには、２０１９年夏にプーマのショップがオープンする予定である。ファッションのカジュアル化、スポーツ着の日常着化を証明する変化と言える。

変化を続けるファッション激戦地区

次に、マンハッタンのほかの地域の現状である。

かつてのファッション街であったブリーカー・ストリート。マーク・ジェイコブスだけでも6店舗あったが、現存するのはマーク・ジェイコブスが手掛ける新感覚のブックストア、「BOOKMARC（ブックマーク）」の1店舗だけとなった。

ブリーカー・ストリートからソーホー地区、ブロードウェイ沿いのソーホーからグリニッジビレッジまでは、悲惨な空き状況である。ほかの地域も推して知るべしだろう。ファッションブランドが争って店舗争いをしていた時代からすれば、大きな様変わりである。

最大の原因はやはり家賃の高騰だが、借り手が付かずに空き物件が増えると、さすがに市場原理が働きだす。超一等地は強気だが、相場的には若干下落している。少し横道に入ればフレシキブルな条件にもなり始めているようだ。ポップアップショップ（短期間の試験的運営店）に対応する店舗スペースもでき、若いデザイナーにとっては良い環境となりつつある。

マンハッタンで特に話題となっているのは、ソーホーに2018年5月にオープンしたグッチである。12月には本売場も増設。来店者数も多いといわれている。

もう一軒、同年9月にサウス・ストリート・シーポートにオープンした10corso como（ディエチコルソコモ）である。業界では有名なミラノのセレクトショップで、レストランも併設されている。

12月にオープンしたマーク・ジェイコブス・マディソンのポップアップショップも、2階がカフェになっている。最近オープンするショップは、飲食を併設するのが当然のようになりつつある。飲食店は毎日の訪れ先で、食はデジタルではできない経験である。

今後は複合した業態ノウハウが必要になるだろう。**ファッション購入のみに対応するのではなく、時間消費に寄り添える空間**、提供できるメニューのひとつとしてのショッピングという考え方が優勢である。

ダラスを拠点とし、118年の歴史を持つ高級百貨店ニーマン・マーカスは、傘下の百貨店バーグドルフグッドマンの創業者一族との紳士協定で、同店のあるマンハッタンにはいままで出店しなかった。しかし2019年3月15日、大規模な再開発プロジェクト「ハドソンヤード」に43店目をオープンした。ニーマン・マーカスのジェフロイ・ヴァン・ラムドンクCEOは、「ECサイトのニューヨーク市に住む顧客による売り上げが、すでに約1億ドルになっている」と発言している。

百貨店の超激戦区と呼ばれるマンハッタンだけを見ても、まるでオセロゲームのように、短期間での激変が続いている。もちろん日本と米国の市場を一概に比較して語ることはできない。しかし**対岸の火事ではないことに間違いはない**。日本のファッション企業も危機的状況を再認識するべきである。

Point

- どんな有名企業にも安泰はない
- 市場は常に新陳代謝を続ける
- 複合した業態のノウハウが必要

進化する実店舗

なぜEC企業の実店舗出店が増えるのか

何度も取り上げているように、ECは飛躍的に市場を広げている。米国小売業売上におけるECのシェアは約10パーセント。ここではECに対する、実店舗の対抗策について解説していく。

「デス・バイ・アマゾン」と呼ばれる恐怖指数。米国では、**アマゾンが進出するだけでその業界の株価が下がる**とまでいわれている。拡大一途の流れを止めることのできないECへの対応が遅れた企業は、退場を迫られる時代である。

しかし、すべての消費者がアマゾンで買い物をするわけではない。**米国ではすでにアマゾンのプライム会員数が頭打ちといわれている**。第1章で述べたアマゾンによるスーパーマーケットチェーンのホールフーズ・マーケットのM&Aや百貨店コールズとの提携は、その裏付けでもあると言えるかもしれない。

米アマゾンは2019年1月から3月期も最高益を計上したが、前年同期の売上伸び高43パーセントから2019年は17パーセントと半減。特に売り上げの49パーセントを占めるネット通販の伸び率が10パーセントと大きく減り、課題が浮き彫りになった。

しかしなぜ、先に述べたように実店舗の閉店が急増する中、ECを本業とする企業が実店舗を出店するのだろうか。

米国では、国民の4人に1人が小売業に従事し、3人に1人は最初の仕事が小売り関係と言われるほど、小売業は間口の広い業界である。国内では、小売業界の方向性を示すカンファレンスが毎年二つ開催される。

ひとつ目は世界最大のコンベンション&トレードショー、全米小売業協会（NRF）の年次大会「リテールルズ・ビッグ・ショー」である。1月中旬の3日間、ニューヨークで開催される。2019年で108回目を数え、世界99カ国から3万7000人が集った。

総会もあるため、各企業のトップも参加する。基調講演やセッション、経営トップの講演やセミナーなど、200以上の多彩なメニューが同時並行で開催され、トップ同士も意見交換や他社の事例を知ることができる。

もうひとつは「ショップトーク」である、2019年3月の開催では4年目ながら8400人以上が集まり、フォーブス誌に「最もエキサイティングで情報の多い小売業カンファレンス」と評価された。4日間で5コース75セッション以上の講演、パネルディスカッションが行われ、少人数でのディスカッションも容易にできる環境が整えられている。

両カンファレンスの共通したテーマは次の通りだ。

①オンラインとオフライン

すでにシステムの統合、シームレスな販売やデータの吸収の段階は済んだ。自店の強み、弱みを知り、各チャネルを戦略的かつ効率的に使う時代にある。

②店舗の新しい役割

メイシーズ、コールズ、ノードストロームなどは、不採算店を閉めるとその地域のオンラインの売り上げも減少すると報告。新しい店舗のフォーマットは何か。

③ＤｔｏＣ（ダイレクト・トゥ・コンシューマー）の拡大
デジタル専業ブランドだけでなく、大手ブランドにまで拡大している。

④ＡＩは標準：小売りにテクノロジーは不可欠
ボイスマート（声だけで購入）、レジレス店舗システム、ビジュアルリサーチ、パーソナルマーケットと、ＡＩ抜きにファッション産業は語れない。販売業ではなく新テクノロジー系の社員が必須な時代である。

⑤顧客体験の創造
主要キーワードは「パーソナライゼーション」「オーセンティック」「コミュニティ」。顧客が企業やブランドに愛着を持てる。

日常化するマルチチャネル

米国ではいまや、実店舗とＥＣのマルチチャネルがスタンダードである。以前はＥＣと実店舗ではチャネルが違うと認識されていたが、すでにこれらが融合した小売業がノーマルであり、その先を模索しているのが〝いま〟である。デジタルがいかに進歩しようが、小売り店舗がなくなることはない。日本でも同じ流れが確実に進んでいることは、読者の皆様も感じるところだろう。

全米小売業協会リサーチ・ディベロップメント＆インダストリー・アナリシス部門のバイスプレジデント、マーク・マシューズ氏がリテールズ・ビッグ・ショーで語った通りである。

「オンラインと実店舗の売り上げを分けて考えることは無意味になっている。店の中にいながら、オンラインで買うことがあるからだ」

顧客視点の考えに立てば、オンラインと実店舗の境界線を設けること自体が時代に即していない。

大手ディスカウントチェーン、ターゲットのブライアン・コーネルＣＥＯは、リテールズ・ビッグ・ショーで「ターゲットではデジタル端末からのオーダー４件中３件が店内で発注されている」と発言している。多くの小売業者は、**５年後にはＥＣのオーダーの大半が、店から処理される**ようになると予測している。

ターゲットは２０１７年にデジタルと実店舗に70億ドルを投資すると発表した。うち10億ドルは人材への投資である。そして「２０１８年は過去10年でベストの年となった。

人に対する投資も最高の投資となった」「最終的に重要なのは顧客とのエモーショナルなつながり。これに勝るものはいまだ登場していない」と語った。

百貨店のノードストロームは、オンラインで買って店でピックアップできるサービスを全店舗で実施。注目すべきはニューヨーク店のみ、週7日24時間それを可能にしている点だ。その上、同日配達にも対応という徹底ぶりである。

非常に先進的な例では、靴のブランドVANS（ヴァンズ）が運営している「ハウス・オブ・ヴァンズ」である。ニューヨークではブルックリンにあり、音楽ライブやパーティのためのスペースで、物販はしていない。

小売業に浸透するデジタル機器

実店舗用のデジタル機器も多く開発されている。

例えば「ピック・イン・ウワッチ」は、棚にある商品を手に取ると近くのデジタルスクリーンが自動的に起動。商品説明の動画が流れる。購買意欲を高めると同時に、そのデータも得ることができる。

販売員が携帯端末に品番を入れて検索すると、商品売場が写真と共に表示される「ステルスマトリックスＡＲＣ」。広すぎる米国の販売店には最適だろう。店頭のデジタル広告パネルも、前を通るお客様の性別、年齢層、眼鏡の有無、肌や髪の色、天候、日時を捉えてデータを記録する。

商品を並べる棚も進化している。以前から、商品の在庫数をデータ化する「スマートシェルフ」があったが、より高機能になった。お客様をカメラで感知して、メッセージをスクリーンに表示。売価表示もデジタル化され、売れ行きなどに合わせてすぐに変更することができる。需要と供給の原則に沿った、ダイナミックプライシングの日常化である。さらにデジタル機器の技術は日進月歩で、価格的にも汎用化を見せている。**日本においてもデジタル技術が小売業に落とし込まれることは間違いない**だろう。

服に対する価値観は人それぞれ

ファッションにおける実店舗での展開を語る上で、紹介しなくてはいけないチェーンストアが存在する。

絶好調の衣料チェーンストアといえば、T.J. Maxx（ＴＪマックス）である。「オフプライス」と呼ばれる、定価からの値引きを前面に出した価格訴求型販売店の典型。他社の過剰在庫や売れ残りを安く仕入れて売り切るビジネスモデルで、2017年度末で312店舗を展開。お客様にとっては自分のサイズや好みに合った商品を探し当てる、宝探しの楽しさもある。

このオフプライススタイルは、買い取りが前提の残り物セールである。従来オフプライスの販売は、郊外のアウトレットや限られた日程のものであった。国内市場でもゲオグループが参入している。

米国のオフプライスストアの上位3社（TJマックス／ロス・ストアーズ／バーリントン・ストアーズ）は2019年1月期の合計売上高606・4億ドル。百貨店上位3社（メイシーズ／ノードストローム／ディラード）合計の468・1億ドルを29・5パーセントも上回った。売上格差はさらに開く傾向にある。

百貨店側もうかうかとはしていられない。ノードストロームは「ノードストロームラック」というオフプライス店を展開。ノーマルストアより**オフプライス型の店舗数のほうが多くなっている**。遅れて参入したメイシーズは、驚くことに自社の正規店舗内に「バックステージ」と名付けたオフプライス店を展開している。不採算店の再活性化に役立つと説明しているが、両刃（もろは）の剣となるかもしれない。

米国社会は非常に所得格差の大きい社会構造である。マンハッタンの高級百貨店は、トップ数パーセントのセレブ客を相手に運営されている。しかし消費者一人ひとりの選択肢が広がり、好みも多様化しているいま、価値観は人それぞれである。服を選ぶことさえ苦痛と考える人から、ずっと服を見ていても飽きない人までいる。そこに寄り添う発想が何よりも大切だということを、オフプライス型店舗の増大が示しているのである。

Point

- 実店舗の存在価値が大きく変化
- すでにマルチチャネルは当然となっている
- 価値観の多様化を前提にした戦略を

変わる「ショッピング」の定義――

実店舗ならではの体験

前項でＥＣと融合する小売店業態がスタンダードだと述べた。しかし**ＥＣでは提供できない消費者へのアプローチはたくさんある**。

やはり生身の人間同士でコミュニケーションするからこそ、多くを伝え、伝えられる。その点でＳＮＳはかなわない。また、香り、雰囲気、空気感などを実際に感じることと、ＣＧやデジタル音声を通して感じることとでは、その情報量に大きな差があることは言うまでもない。

ＥＣにはなく、実店舗にあるもの。それはお店を訪れ、商品を選び、買うという行為。そしてそれに付随するサービスの数々を受けること。つまりは「体験」である。

ここではファッション業界を超えた四つの事例を通して、米国らしい大型の「ショッピング・エクスペリエンス」を解説していこう。

①ナイキ

少し前になるが、2016年11月、ナイキがソーホー地区に体験型店舗の極限を目指す「Nike SoHo NYC」をオープンした。5階建て1500坪強の広さを生かし、さまざまな試みがなされている。

「メンバーシップ」と名付けられた1階。期間限定の企画展などが催されており、購入した商品のカスタマイズも楽しめる。2階はメンズウエア&スニーカー。3階がレディスのランニング&スポーツ。4階がメンズのランニング&スポーツ。5階が米国らしいバスケットボールグッズ売場で、なんとハーフサイズのコートが用意されている。無料で使用でき、シューズの試し履きもできる。

ランニングマシーンの前には、大きなディスプレイが自然の中を走っている疑似体験を提供している。サッカーシューズ用の芝のスペースまである。プレイは複数の角度からカメラに録画され、帰宅後に専用IDでログインして見ることができる。そしてそのプレイを専門スタッフがチェックし、最適なシューズを提案してくれるサービスまである。まさに至れり尽くせりである。

支払いは各販売員の端末で済ませることができ、レジに行くストレスはない。３兆６４００億円の売り上げ（２０１７年度）を誇る、世界最大のスポーツブランドならではのショッピング・エクスペリエンスである。

②アディダス

「Nike SoHo NYC」オープンの翌月に、アディダスは世界最大級のショップを5番街にオープンした。ＤｔｏＣチャネル強化の一環である。

スポーツスタジアムをイメージした全館デザイン。入口はフィールドに抜けるコンクリートのトンネルをイメージ。1階と2階の間には観覧席が設けられ、店外の5番街を眺められる。試着室はロッカールーム風。1階ではオリジナルスムージーや栄養食品を販売。栄養食品に関してのコンサルテーションも受けられる。地下1階には「The Turf（ザ・ターフ）」と名付けられた製品の試用スペースや、Ｔシャツなどへのカスタマイズのプリントショップがある。

2階には試走用のトラックエリア。3階の「miadidas studio（マイアディダス・スタジオ）」では、スタッフのアドバイスを受けながらカスタムシューズのデザインをできるサービスを提供している。

③アップル

続いて最も米国らしいショッピング・エクスペリエンスを紹介する。世界に名だたるアップルである。

元来、アップルの店舗は「製品を売るのではなく、顧客の問題解決のサポートをする」という理念で運営されてきた。技術サポート、専門家のアドバイス、購入前の無料使用、ソフトのインストール、希望に沿ったカスタマイズなど、理念通りに顧客の問題解決の場として展開され、床面積当たりの売上生産性では全米一といわれている。

２０１７年にその理念を一歩進め、新たなコンセプト「タウン・スクエア（地域コミュニティ広場）」を発表。同年10月にシカゴ市と協力し、リバーフロントに「アップル・ミシガンアベニュー」をオープンした。年間を通じて「Today at Apple」を開催している。ワークショップ、イベント、レッスンと、老若男女に向けた多彩なプログラムを無料で提供していくという。

そこでは自然に地域コミュニティが発生していき、アップルがその核となる。２０１８年４月には新宿にもオープンし、同じようなコンセプトの下に運営されている。アプローチ方法や店舗設計など、どれを取ってもいままでの家電販売店とは異なる、未来型のショッピング・エクスペリエンスと言える。

⑤スターバックス

次はわかりやすい事例だろう。スターバックスである。

本来、飲食業は顧客の回転率を上げることが成功則だった。その真逆の戦略がスターバックスの「サードプレイス」である。自宅でもなく職場でもなく、リラックスして自分を取り戻せる第三の居場所。そのために店舗のデザインは当然のこと、細部にまでこだわり抜いている。接客方法も独自のものだ。

スターバックスの実質的な生みの親と呼ばれたハワード・シュルツ氏の、「スターバックスはコーヒーを売っているのではない。体験を売っているのだ」という言葉通りである。安いコーヒーチェーンはいくらでもある中で、群を抜く成長。要因はこのショッピング・エクスペリエンスによるものだ。

スターバックスは２０１４年、本拠地シアトルに、焙煎工場を店内に備えた約４２２坪の新旗艦店をオープンした。飲み比べができるコーヒー・エクスペリエンス・バーがあり、当然コーヒーマスターがいる。その上コーヒーの図書館まで。コーヒー好きにとっては聖地だろう。

在庫を持たない実店舗

ショッピング・エクスペリエンスを語る上で最後に取り上げたいのは、**在庫を持たない実店舗**である。

２０１７年10月、百貨店ノードストロームは、カリフォルニア州ウエストハリウッドに、実験店とも言える新コンセプト業態「ノードストローム・ローカル」を出店した。店舗面積は約80坪。百貨店と呼ぶ広さではないが、八つのゆったりとした試着室がある。予約制で、パーソナルスタイリストが無料で相談に応じ、ロサンゼルス市内のノードストローム９店舗とＥＣの商品の中から、コーディネートしてくれる。もちろんＥＣ商品の受け取り、返品も可能。仕立て、修理にもすぐに対応してくれる。

これにより、お客様は無駄な時間を除くことができる。さらにネイルサービスや飲み物を自由に楽しめるバーもある。

この、よりパーソナルで在庫を持たない店舗形態は、ほかの企業でも広がっている。**既存店とECを複合化して、シームレスにつなぐ業態は当然となりつつある**。

お店から持ち帰るより、自宅に届くほうがずっと楽だと考えるのは著者だけではないだろう。恥ずかしながら、著者がバブル時代にパリで買い物をしていた頃は、大抵の店が無料でホテルに届けてくれた。たくさんの買い物袋を持ってお店を回るのがいかに大変か。人間は楽を覚えるとなかなか戻れないものである。ショッピングの楽しみ方を見ても、人の価値観は大きな転換と多様化を見せているのである。

Point

- リアルでしか提供できない価値を再認識する
- 体験の提供が消費者を呼ぶ
- 従来のショッピングの枠を越えた発想を

続々と生まれるニューリテール――

サスティナビリティ（ケース1）

洋服を購入して自宅のワードローブに納め、気分や用途に合わせて選び、着用する。これはすでに、ファッションの選択肢のひとつに過ぎなくなっている。

ここでは、米国のニューリテール（新しい小売業態）の代表的な企業を解説していく。前項の既存店舗の進化系も、大きな意味でのニューリテールと言える。この項では、AIやウェブなどの新しいテクノロジーにより、新たな業態として誕生したニューリテールを紹介する。

地球環境に対する世界的取り組みやエコロジー意識の盛り上がり、資源の枯渇への懸念などから、**サスティナビリティ（持続可能性）の視点が重要視されるようになってきた。**

ファッション界にも大きな影響を与えている。業界に地殻変動を起こしていると言っても過言ではない。また、大量生産、大量消費の20世紀型ビジネスモデルがもたらす、価格やプロモーション活動への不信感も高まってきている。

サスティナビリティには、いくつかの解釈と業態がある。まずは2010年にサンフランシスコでマイケル・プレスマンにより創業された、エバーレーンを見てみよう。名前を聞いたことがある方も多いだろう。特筆すべきは既存のアパレル企業からすると狂気の沙汰にしか見えない「ラジカル・トランスペアレンシー（徹底された透明性）」である。

エバーレーンは、EC専業のSPAとしてTシャツのみの販売でスタートした。実店舗は西海岸と東海岸に各1カ所ずつが設けられているのみ。ロケーションも一等地ではない。それもショールーム機能だけで、予約も必要である。店内在庫はなく、ECで注文した商品が、早ければ数時間で自宅に届く。

最大の特徴は、原価や諸経費の明細、利益額まで公開している点である。それを踏まえて、トラディショナルリテール（従来の小売業者）の同品質の商品との価格比較を表示している。さらには工場や従業員の写真まで公開。消費者はすべての事実を理解した上で、購入できるのである。

著者の初めての著作である『オロビアンコの奇跡』（繊研新聞社）の中でも述べたが、2013年当時、イタリア国内から船積みされるバッグ・小物類の完成品輸出金額第1位は、オロビアンコ社だった。イタリアを代表するG社やP社ではなかったのである。

つまり、世界中に流通するG社、P社の商品は、イタリアで生産されたものばかりではないのである。イタリアの法律では、原材料の一定量がイタリア製なら、製品もイタリア製と表記できることになっている。

これは一例に過ぎない。いくつかの規定をクリアすれば、消費者が事実を誤って理解するような表示も可能である。

もちろん、そうした状況に、消費者も疑問を感じるようになる。エバーレーンはそうした**消費者の不安を払拭し、かつ、適切な利益を上乗せしてもなお、他社よりリーズナブルである事実**を公開した。エバーレーンの会員数は、2015年で100万を突破したといわれている。

同年8月、エバーレーンはGAPでバイスプレジデント兼クリエイティブディレクターを務めたレッベカ・ベイ氏を迎えた。エバーレーンの潜在力を見込んでのベイ氏の決断であろう。

エバーレーンの売上追求を至上命題としない販売体制には無駄がない。10年着れる服、ハイブランド並みの品質。ＥＣだから可能な、消費者のレビューの製品製作への反映。在庫を持たない小ロット生産。ほぼ毎週の、実需に沿った新作のリリース。消費者は新商品販売前にウエイトリストに登録し、商品到着を待つことができる。ＥＣ特有の店舗コストやプロモーションコストを抑えて製品価格に還元し、割引販売を排している。ソーシャルメディアやイベントを通じたコミュニティ作りにも積極的である。

価格の透明性と新しい利便性が生む信頼をベースに、購買者とコミュニティを形成するニューリテール。２０１８年9月より日本語版がスタートした。残念ながらコストの表示がなく、販売価格の円表示だけだ（２０１９年5月時点）。改善の余地は十分に見受けられるが、これからを期待したい。

サスティナビリティ（ケース２）

サスティナビリティの事例をもうひとつ。**すでにある商品の再利用**の事例である。世代を超えると価値観は変化する。再評価されるためには知識が必要である。技術的にも、現在では生産できない洋服がたくさんある。

古くからあるサスティナビリティの形に、「セコンド・ハンド」、日本語でいう「セコハン」がある。米国では使わなくなった物を教会などに寄付する習慣が根付いており、衣服でもボランティアが運営する大きな組織が複数ある。これらの流通も大量で、基本無料である。また、国民には古くからの古着文化も根付いている。

ここでは実店舗とＥＣを分けて解説する。

おしゃれな古着屋が多いブルックリン地区。人気店といえば、ビーコンズクローゼットである。１９９７年、当時交通の便も悪かったブルックリンのウイリアムズバーグで、キャリー・ピーターソンが自分や友人たちの服を販売したのが始まりだった。ビーコンズクローゼットは現在4店舗を展開。それぞれのショップで個性が違うところが、古着屋らしくて楽しい。新品のショップとは違う、楽しい出会いが期待できる。買取金額は現金なら売価の35パーセント。クーポンなら55パーセントである。

もちろんＥＣサイトでも人気の古着店がある。筆頭はeBay（イーベイ）。２０１７年の流通額は、２００７年の倍の８８４億ドルに成長している。２次流通のＥＣには、ほかにもOfferUp（オファーアップ）やLet Go（レットゴー）、Poshmark（ポッシュマーク）

などがあり、それぞれ順調に伸びている。

ＡＩのお陰で、画像さえ撮影すれば誰でも簡単にこれらのＥＣに出品できる。**テクノロジーの進化がＣｔｏＣ参入のより広い門戸を開く**ことは間違いない。日本から挑戦しているメルカリが苦戦するのも無理はない。しかし挑戦する姿勢は評価されるべきである。

サブスクリプション

次に、サブスクリプションビジネスである。つまり、定額の課金制度ビジネスだ。このビジネス自体は古くから存在する。例えば新聞。発行日数に関係なく、毎月定額である。

ファッションのサブスクリプションサービスには2種類ある。「購入」と「レンタル」だ。今回紹介するのは、定額レンタルサービスモデルである。

背景には、女性の社会進出によって、**服選びをストレスに感じる女性が増えたことがある。加えて、服を所有する意味がないと考える人々の増加**。逆に自室のワードロープから服が溢れているのに、着る服がないと感じる人々も少なくない。

ファッション分野で最も注目を浴びているサービスが二つ。

２００９年創業のRent the Runway（レント・ザ・ランウェイ）は、テクノロジーを駆使したソリューションを提案した。２コースあり、どちらも一定数の服を借りられ、返せばまた借りられる。クリーニングの必要もなく、まさに着るだけ。憧れのブランドのドレスを、ネットか実店舗を通じて借りられる。

次に「ファッション界のネットフリックス」と称されるLe Tote（ル・トート）。前者より少し日常的である。ユーザー登録時に好みを登録し、洋服とアクセサリーが送られてくる。

当然だが、両社共気に入れば特別価格での購入も可能である。

先進的に見えるビジネスモデルだが、２０１４年頃から新規参入が相次ぎ、レッドオーシャンめいてきた。残念ながら差別化が難しい面がある。サブスクリプションビジネスのパイオニアの1社、BIRCHBOX（バーチボックス）。毎月サンプルサイズのビューティー商品がかわいい箱で届くビジネスモデルである。苦境を乗り越えパリへの出店を果たしたが、課題は続いており、順風満帆とは言い難い。ほかにもアクセサリーのLovin'Box（ラビンボックス）、メンズ向けのbemool（ビモール）、ネクタイのFreshNeck（フレッシュネック）などは淘汰されてしまった。複合的なサービスとしての組み合わせが必要だろう。テクノロジー進化に取り組み、今後の消費者志向に沿った展開を期待したい。

エシカル

ニューリテールの最後に取り上げたいのは、「エシカル」である。直訳すれば、道徳、倫理上の、という意味である。地球環境にとどまらず、労働環境の改善や貧困支援、産業支援なども含まれる概念であり、善意に頼るチャリティとは一線を画す。

いま、われわれには無意味な大量消費に対する反省が必要である。生産国に対する無理な生産コスト押し付けが生んだ悲劇がある。生産される商品の背景や価値が問い直されている。

米国内ではないが、エシカルが重要なテーマとして問題提起されるきっかけとなった事件が、バングラデシュで起きた。少しページを割く。

ファッション史上最悪の事故。バングラデシュ・ダカ近郊の五つの縫製工場が入る商業ビル、「ラナ・プラザ」の崩壊事故である。

日本人が「工場」と聞いてイメージするのは、低層階の大きな建物ではないだろうか。しかしアジアでは、高層階のビル全体が工場として利用されるケースが多い。

2013年4月24日、ビルの崩壊により、死者1134名、負傷者2500人以上を出す、まさに一瞬にて最悪の惨事が起きた。

以前からビルの亀裂に対して、労働者から補修、改善の申し入れはなされていたが、無視され続けていた。主な労働者である女性の雇用先は、バングラデシュでは少ない。雇用側と労働者との力関係は想像を超える。

事故の前日、告発を受けた警察が検査のために退去命令を出した。しかし雇用側は労働者に、「出社しない者は解雇する」と告げた。改善の申し入れをした労働者に対して、暴力行為があったとの証言もある。

そして悲劇の日。朝に停電（日常茶飯時である）があり、屋上の発電機を作動させた。そこにミシンの振動が重なって、ビルが崩壊した。

責任はこの企業だけにあるとは言えない。発注元である**当時のファストファッション企業からは、価格ばかりが求められ、相応の利益が出なかった**。そのため建物の補修すらできなかったのである。

ここでの深い議論は避けるが、事実として、原価ありきの取引による環境汚染、労働者搾取などは長く改善されないままだった。こうした背景から、正当な収益をシェアした取引（フェアトレード）が注目を浴びるようになる。

ＺＡＲＡのインディテックス社を始め、グローバルに展開するファストファッション２２０社が「バングラデシュにおける火災予防および建設物の安全性に関する協定」に署名。ウォールマートなど、米国を中心とする企業たちは、「バングラデシュ労働者の安全のための提携」を締結し、労働環境の改善を目指している。著者の聞き取りによると改善は進んでいるようだ。

ただし、これは大手の直接取引先に限った話である。バングラデシュ国内には下請け工場が４０００社近くある。また、ラナ・プラザ事件の犠牲者や負傷者への十分な補償が支払われたとは聞いていない。悲しい現実である。

話を米国のいまに戻そう。

エシカルを前面に出したビジネスモデルの火付け役となったのが、ＴＯＭＳ（トムス）である。２００６年にカルフォルニアでブレイク・マイコスキー氏により創業された。

「One for One」のコンセプトで「靴を1足買うと途上国の子どもたちに靴が1足送られる」という約束を掲げ、すでに日本でも人気ブランドである。CM活動は行わず、基本的に口コミのみで広がっている。

これは「CRM（コーズ・リレーテッド・マーケティング）」と呼ばれる施策である。企業が製品の売上利益から寄付をすることを意味する。世界的に役立つことを支援し、販売促進を図る戦略的マーケティングである。

ボランティアや寄付に馴染みがあり、予算にシビアな米国人。「モノをあげる援助」には批判もあるが、一石二鳥の購買動機となることは統計も証明している。TOMSの急成長に目を向ければ、消費者の心に響いた事実も見える。

TOMSの場合、生産も地域に根付かせるために複雑なデザイン製品はなく、キャンバス製のジュート（麻）巻やスニーカーが中心である。**途上国に雇用を生めば、地域の貧困からの脱出が可能になる。産業が生まれれば地域の発展が約束される。**

繊維産業は地球規模の成長産業であり、典型的な労働集約産業でもある。エシカルな取り組みは、発注側に課された義務でもある。

Point

- 「消費」の形は時代と共に変化している
- 消費者は大量消費への不信感を抱いている
- 消費者の疑問や不安を解決するビジネスモデルを

未来はすでにここにある。
ただ、全ての人に均等に
配分されていないだけだ。

ウィリアム・ギブスン（小説家／１９４８〜）

第4章

変われない日本企業

日本は世界でも有数規模のファッションマーケットである。世界中を見ても、こんなにも新しい服好きな国民はいない。

例えば米国のメンズファッション誌の種類は、ライフスタイル誌を含めてもひと桁である。日本の書店にメンズファッション誌は何誌あるだろうか。海外の同業者を日本の書店に連れて行くと必ず驚いて、すぐに日本を大好きになってくれる。

しかしこの服大好きな国民性ゆえに、日本企業の時代の変化への対応は遅れた。バブルが終わり、需要が大きく減退しても見ないフリをし続けた。世界的にグローバル化が進む中、海外の消費者やライバルに目を向けようとはしなかった。いつしか働く人たちは主体性を失い、古い業界の慣習に疑問を持たなくなってしまった。向上を図るためには、まず問題点を洗い出すことである。本章ではそのことを狙いとして、日本のアパレル業界の現状を問う。

少し辛口な私見が続くかもしれないが、業界再興への期待の表れだと読んでいただきたい。そしてその先に確かな希望があるということを、付け加えておく。

乖離（かいり）する消費者と供給者の意識——

縮小を続けるアパレル市場

日本のアパレル市場全体がシュリンクしている。

最初に、日本で消費される衣服の生産国の変化である。バブル時代が終わる１９９０年から追ってみる（図３）。

日本の繊維産業は、明治時代から外貨を稼ぐ輸出産業として発展してきた。しかし平成時代の経済低成長と共に、衣服の生産もコスト低減を求めて中国を始めとするアジアに展開されていく。バブル崩壊後の急激な円高も、生産構造を大きく変えた。

１９９０年時点では、数量ベースで国産比率が半数強。急激に数値は下がり、３年後には中国産の比率のほうが高くなる。その後ベトナムやタイにも抜かれ、現在では、国内の生産比率はすでに2パーセント台。金額ベースでも、やっと22パーセントである。

図3 日本で消費される衣類の生産国の変化

1990年(生産の海外移転が定着)

国産比率が半分強。人件費の安い中国が急伸

日本　52.6%
中国　23.2%
韓国　14.4%

1993年(中国生産への傾斜)

拮抗したシェアながら、ついに中国がトップに

中国　39.8%
日本　38.6%
韓国　9.2%

2011年(国内生産の崩壊)

中国が圧倒的なシェアに。国産はひと桁に縮小

中国　82.9%
ベトナム　4.7%
日本　3.6%

2017年(中国プラスワン台頭)

中国のシェアが低下。ベトナムが大きく伸長。

中国　65.5%
ベトナム　11.6%
タイ　5.3%
日本　2.3%

出所:日本繊維輸入組合「日本のアパレル市場と輸入品概況」を基に、著者が解釈を加えて作成

もちろん不振は製造業に限らない。**1991年に15兆円を超えていたアパレル市場は、現在10兆円**と言われている。百貨店のファッション関連売り場も確実に3割は減った。地方のショッピングセンターからは櫛の歯が抜けるように退店が続き、その後の入店者はなかなか見つからない。国内繊維産業の事業所数の推移を見ても縮少は一目瞭然である（図4）。

止められない過剰供給

市場が縮小するならば、当然供給量も減るはずである。しかし、この業界はそうとも言えない。

アパレル外衣の需給バランス推移を見てみよう（図5）。

1990年は、調達（仕入）数量11億9600万点に対して、消費数量が11億5400万点。消化率96・5パーセント。ほぼ完売である。

そこから消費者のファッションに対する異常な熱は徐々に冷めていくが、**気づきたくない供給側は生産拠点を海外に求め、より多くの供給で乗り切ろうともがき続けた**。ほんの一時期を除き、調達数量は伸び続ける。消費数量は当然横ばい。完全な過剰供給だ

図4 国内繊維産業の事業所数

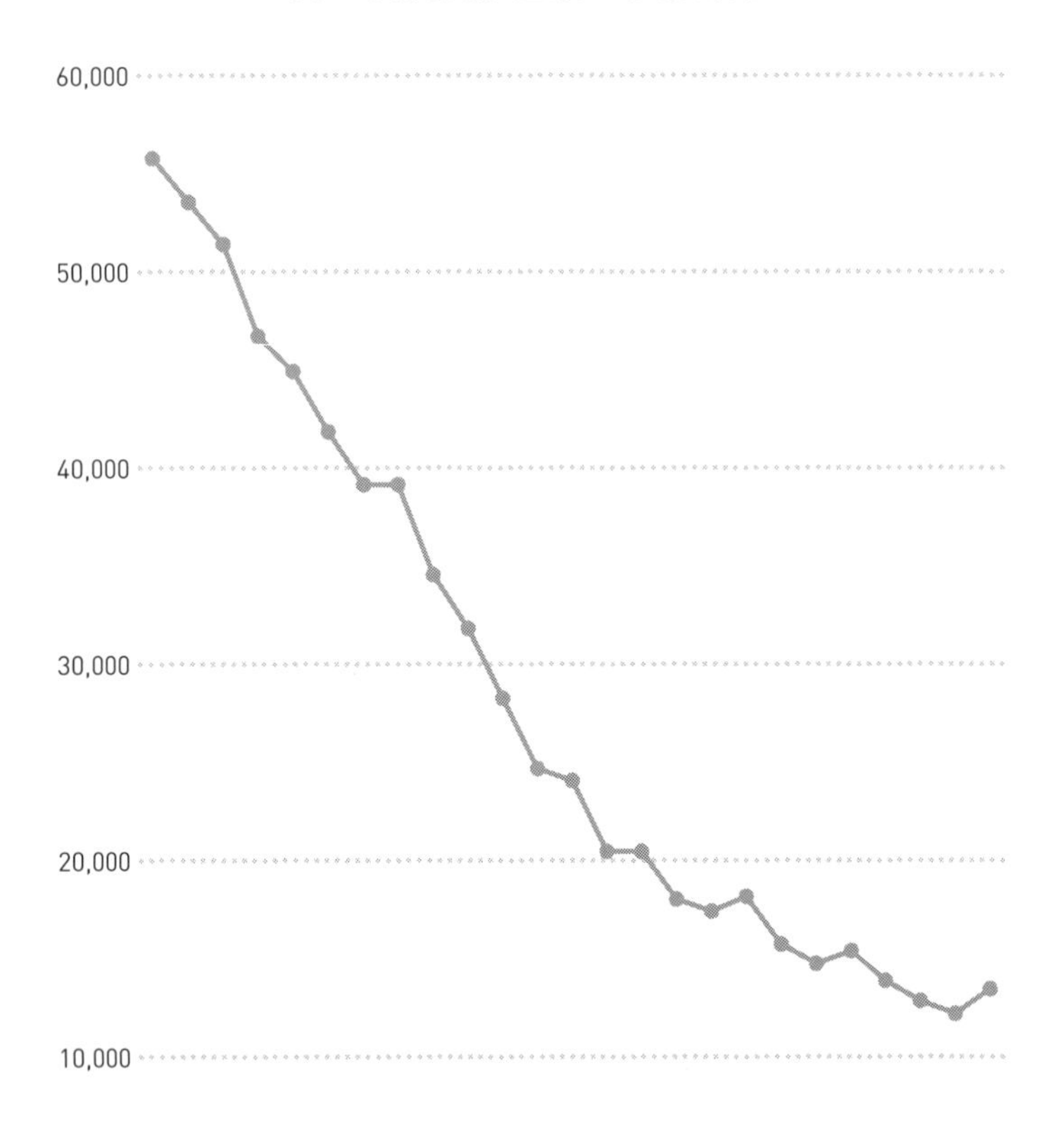

出所：経済産業省「工業統計」を基に作成

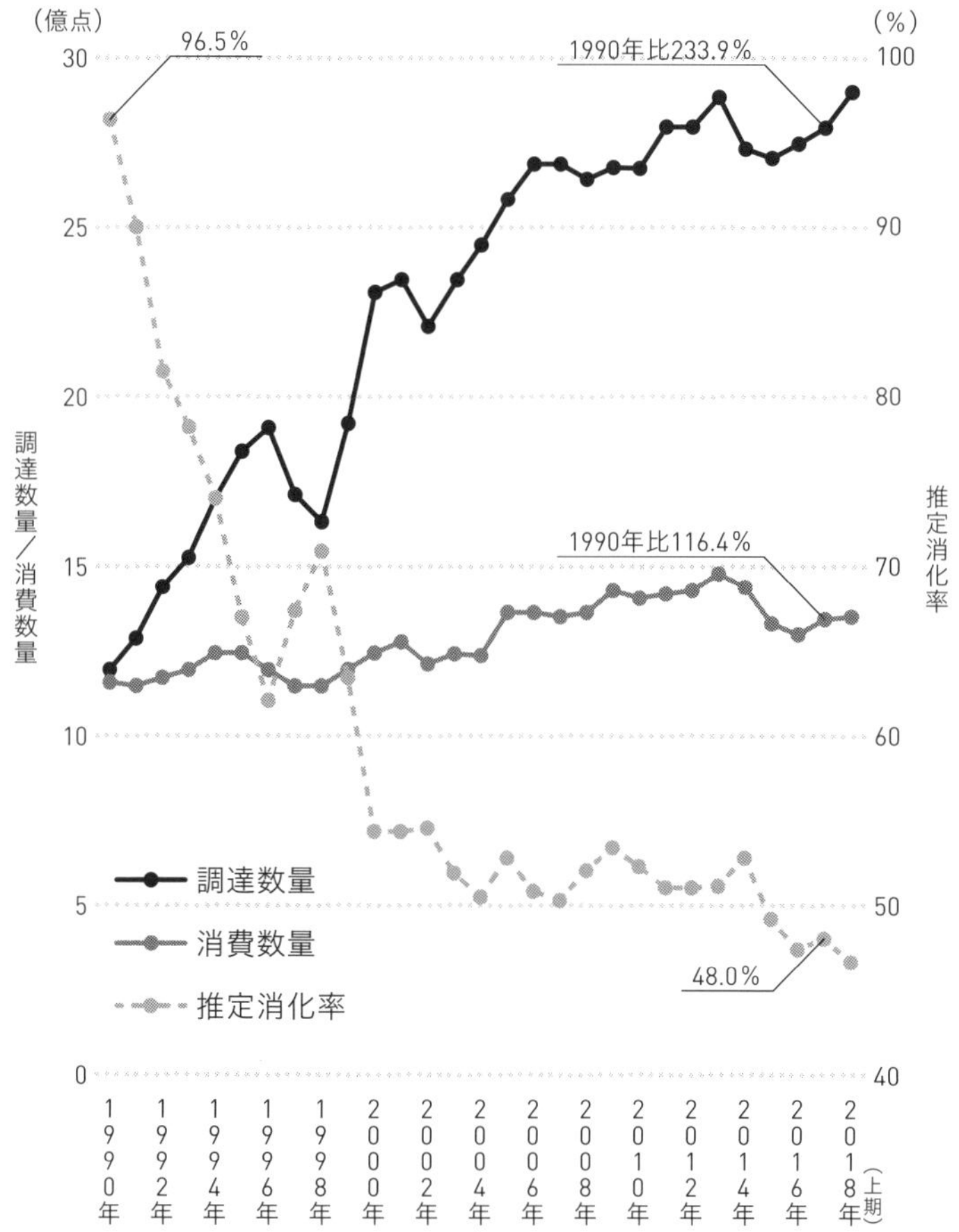

※調達数量は、輸入数量＋国内生産数量（シェア１％未満の輸出数量は計算から除外）。消費数量は、総務省家計調査の世帯当たり年間平均購入点数と総世帯数から推計。小島ファッションマーケティング作成

出所：『ファッション販売2019年2月号』（商業界）を基に作成

と言える。

着物業界の窮状を表す言葉に「流通在庫11年分、たんす在庫100年分」という表現がある。アパレル業界も他山の石ではない。消化率は低下の一途をたどるが、日本のアパレル企業は、それでも仕入れを減らそうとしない。**実需要は微減しているにも関わらず、2017年の調達数量は約28億点で、1990年の倍以上となっている**。2017年の消化率は48・0パーセント。単純にいえば仕入れた商品の半分は売れ残っているのである。

消費ニーズの急激な変化

現状の予測で、国内市場の拡大を期待するのは現実的でない。かつてボリュームゾーンであった百貨店を中心にした中間購入層が、毎年確実に減少傾向にある。

単純に人口が減ったからではない。1世帯当たりの被服及び履物費と通信費の推移を見てほしい（図6）。**1991年の支出額は年間約30万円2000円。これが2016年には13万9000円ほどと年々減り続けている**。

ここから読み取れるのは、消費者のニーズの急激な変化である。

―図6「被服及び履物」消費支出額の推移（年間・実質ベース）―

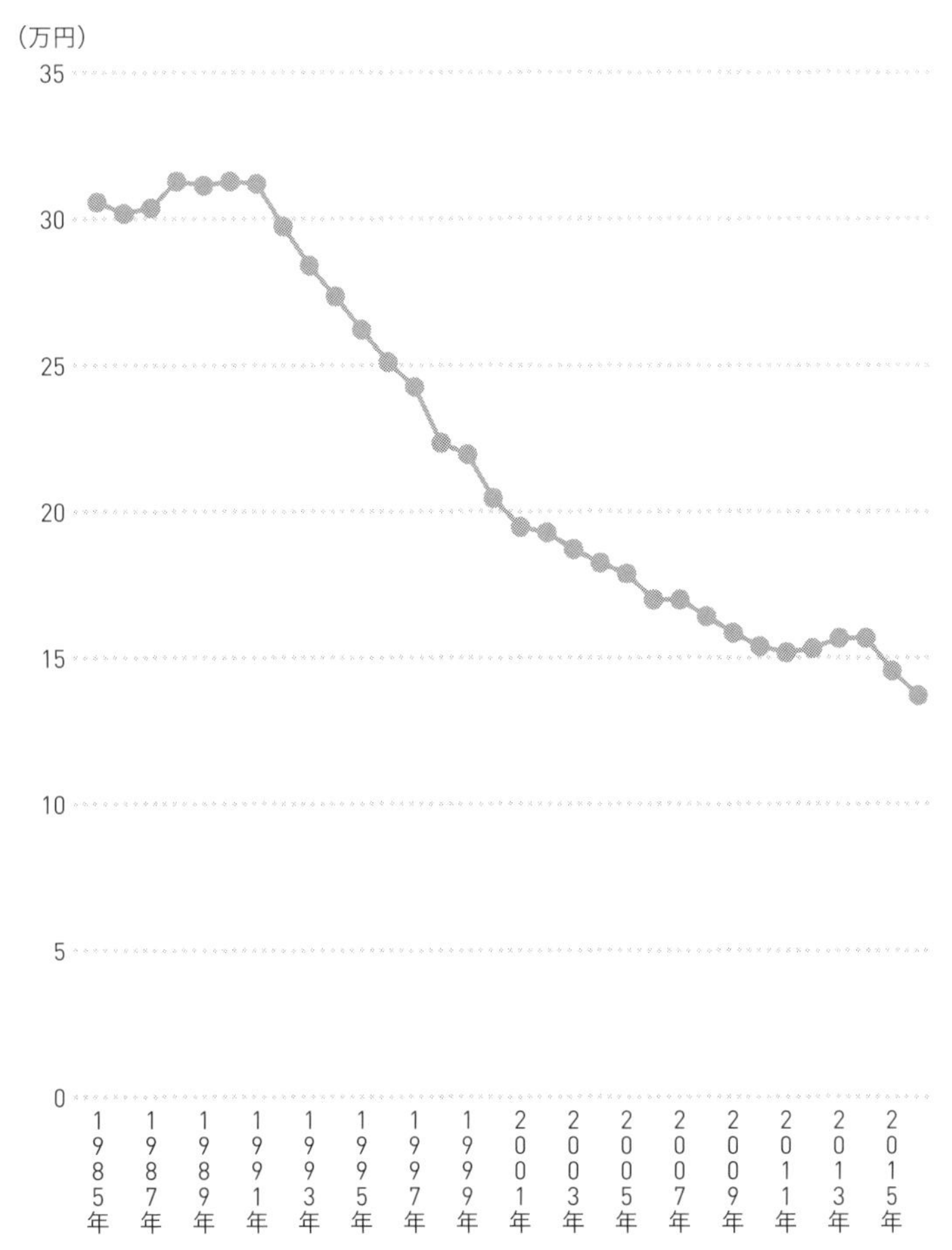

※２人以上の世帯（農林漁家世帯を除く）。2016年は1～12月の合計値

出所：経済産業省大臣官房調査統計グループ経済解析室「百貨店 衣料品販売の低迷について」を基に作成

消費者の判断基準は、ブランドやトレンドでなく、自分自身の価値観になっている。ファッション消費の盛んな若年層。渋谷109の継続的な館内調査では、昨今の好きなブランド第1位は「ない」である。供給側の意識と消費者意識には、すでに大きな溝があると認識してよいのではないだろうか。

日常的にカジュアル化が進み、オンの場面が縮小する。アスレジャーやファストファッション、カジュアルSPAが低価格を定着させた。さらに過剰供給が平均実売価格を下げている。

これらのことを前提にした企業戦略の策定が必要であろう。

アパレル大手のワールドが、2018年9月28日に13年振りの東証1部再上場を果たした。しかし終値は公募売出価格を約8パーセント下回った。市場の評価は厳しかったのである。2005年11月の上場廃止の直前と比較すると、60パーセント減である。

ほかのアパレル大手はどうか。時価総額を同時期で比較すると、バーバリーとの契約が切れた三陽商会は84パーセント、オンワードホールディングスが69パーセント減った。経営陣は、この間、日経株価平均が1・5倍になっていることを考える必要がある。同時期にファーストリテイリングは5倍、ZOZOは2007年末と比較して39倍であった。

その間に経営陣はどのような施策を打ったのだろうか。経営陣の報酬減では何も解決しない。問題点は、解決策は何なのだろうか。章を改めて明確にしたい。

Point

- 供給者が市場をリードする時代は終わった
- 危機の原因と解決策の正しい一致が必要
- 消費者の判断基準は自分自身の価値観になっている

得意先と慰め合う輸入商社

すでに過ぎた転換期

日本のアパレル業界には、世界的に珍しい流通形態がある。海外商品の国内での販売経路である。

戦後、外貨不足の日本では外国為替法及び外国貿易法が制定され、基本的に製品を輸出した企業に輸入枠が与えられた。経済復興が続き、豊かになり始めた時代。ファッションでは欧州からの高級生地に輸入枠が当てられた。女性向けの洋服に使用する生地である。

大手商社が輸入し、販売業務は、当時生地ビジネスの中心地であった大阪で成長した。その名残で、輸入ファション専門商社の本社の多くは大阪にある。１９９０年までの高度成長時代には、大手商社が海外の魅力的な企業と契約し、専門業者が全国の高級ブティックと百貨店の特選売場に商品を卸す、複層の流通販路が出来上がった。現在の税制とは異なり、輸入商品イコール高額品であった時代である。

しかし1990年代から、商社、代理店、百貨店、そして消費者への複層の流通は時代に沿わなくなっていく。LCCで誰でも海外旅行ができる時代。内外価格差は小さくなって当たり前である。通信、輸送、コミュニケーションもフラット化している。クレジットカードさえあれば、誰もが海外のECサイトで購入できる。

日本市場での採算性を見込んだ海外のメインブランドはジャパン社を作り、代理店ビジネスから直営に切り替えるようになる。必然的に、残るブランドは中規模以下が中心となった。売り上げが最盛期の半分どころか、4分の1の企業もある。

本来、**日本の輸入アパレル企業は、こうなる前に手を打つべきだった**。著者が不思議なのは、大手輸入アパレルはサラリーマン社長が経営する会社ではなく、オーナー企業が多い点である。**いくらでも強力なリーダーシップを発揮して、大きな変革ができたはずだ**。いまだに昔日のお得意先と慰め合っている姿を見るのは、元同業者としてあまりに辛い。**昭和のしがらみは捨てるべき**である。

っている。

挑戦の先にしか成功はない

ただ、希望は残る。既存事業の成長が見込めないために、リスクを持った挑戦が始まっている。

日鉄物産は2018年にイノベーション推進室を設立。帝人フロンティアは新規事業の分野を①ウエアラブル、②ヘルスケア、③防災・減災と定め、4番目のテーマを探している。ヤギは米国に新会社を設立し、日本の中小企業の海外販売支援。田村駒は繊維資材の可能性を追求する。

大きな成功例としては、オーナー系の八木通商だ。売り上げは2018年3月期でグループ357億円ながら、ハイリスク・ハイリターンに果敢に挑戦し続ける独立系のファッション専門商社である。

戦後間もない1946年に、国産の糸やテキスタイル（織物・布地）の輸出を祖業として設立された。為替環境の激変に伴い、1973年に輸入服飾部門を設立。日本では第1次の高級ブランドブームが始まろうとしていた時期である。

1985年のプラザ合意で円はどんどん上昇。以後、八木通商はミラノやニューヨークに自社拠点を置き、日本に海外ブランドを紹介するようになる。1990年代後半から高級ダウンウエアブランドのモンクレール、英国の伝統的なアウターウエアブランドのマッキントッシュを本格展開し、2007年に英国マッキントッシュを子会社化する。2009年には合弁でモンクレールジャパンを設立。世界市場に成功の礎を築く。相手先企業との運命共同体となり、2年半で100億円以上を欧州のブランドに投資した。

まさに挑戦の連続。その姿勢が尊敬できる。大手商社の繊維部署トップや、ほかのファッション輸入専門商社のお坊ちゃまトップとは異質である。

まず、年齢を感じさせない行動的な八木雄三（やぎゆうぞう）社長自身が築く、太い人脈が根本にある。モンクレール ジーニアスの展開には驚愕するほどの大きな成功があった。毎シーズン8人のデザイナーを迎え、異なるテーマで発売されるコレクションである。それだけの数のデザイナーを巻き込んでいくことができるのは、八木氏の人脈とモンクレールのモノ作りの歴史があってこそだろう。世界的話題となるコレクションの成功に、日本の企業が関わっているだけでもすばらしい希望が見える。

同業他社にもその心意気を学んで貰い、独自の差別化へと進んでもらいたい。

Point

- リスクを取れるリーダーが必要
- 常識や慣習は常に疑うべきものである
- 挑戦を忘れた企業に成長はない

一枚のシャツが出来るまで――

川上からの学び

アパレル業界では、服が出来上がるまでの大まかな流れを、「川上」「川中」「川下」と表現する（図7）。

川上とは原糸製造とその糸を加工する段階。川中はその糸から生地製造、無地染めやプリント加工して布になる段階を指す。小売業を川下とする考え方もあるが、ここでは従来の分類で進めていく。生地から裁断、縫製、仕上げを経て製品とする工程である。

この過程を追って、業界の問題点や学ぶべき点を考えていく。

まずは日本の川上の現状である。

川上の原糸製造の紡績・合繊メーカー共、長年の激しい国際競争を経て生き残った

図7 アパレル業界の工程区分

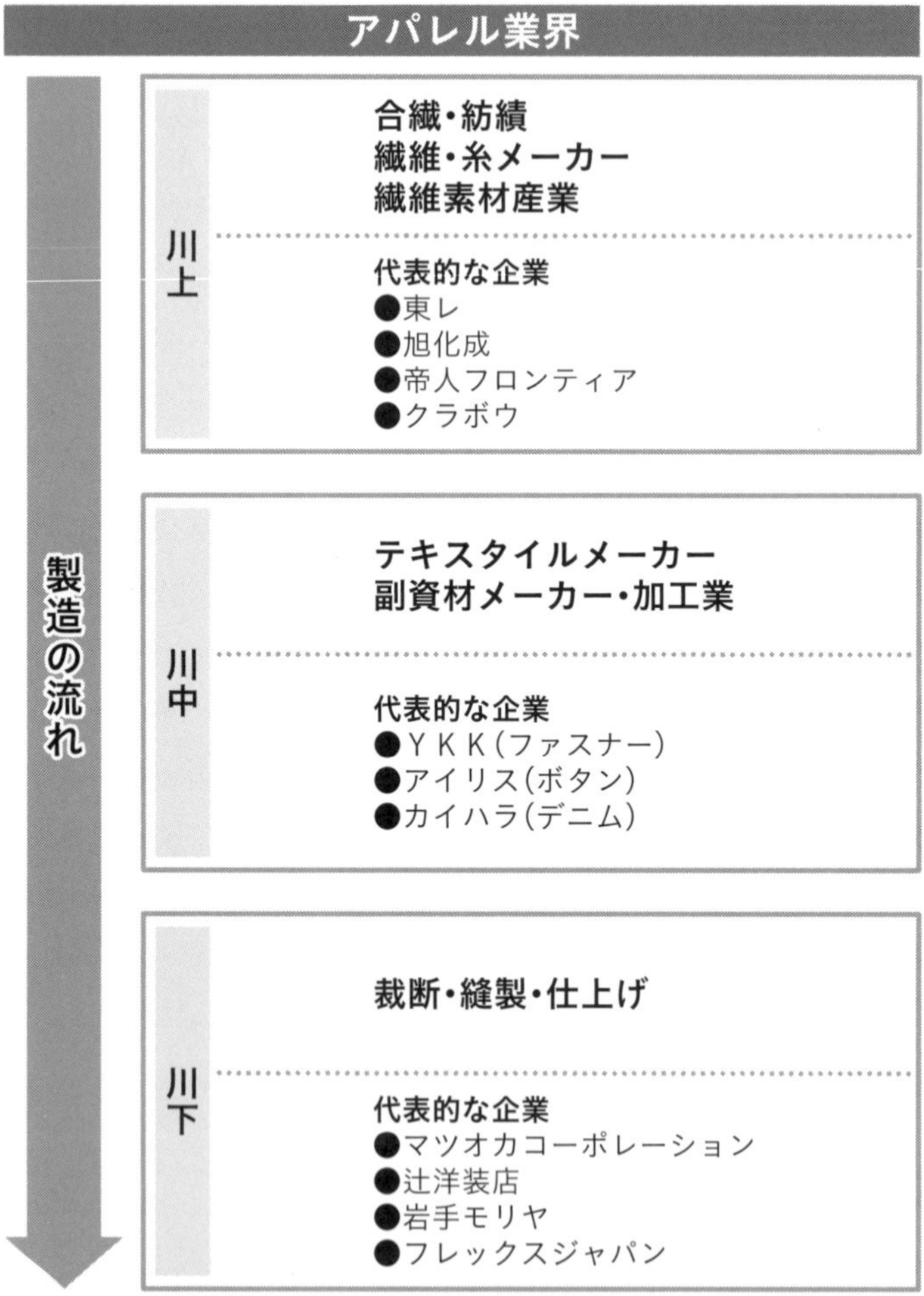

アパレル業界

製造の流れ

川上

合繊・紡績
繊維・糸メーカー
繊維素材産業

代表的な企業
- 東レ
- 旭化成
- 帝人フロンティア
- クラボウ

川中

テキスタイルメーカー
副資材メーカー・加工業

代表的な企業
- ＹＫＫ（ファスナー）
- アイリス（ボタン）
- カイハラ（デニム）

川下

裁断・縫製・仕上げ

代表的な企業
- マツオカコーポレーション
- 辻洋装店
- 岩手モリヤ
- フレックスジャパン

全段階に繊維商社、総合商社の繊維部門がグローバルに関わるメーカーである。生地輸出額は２０１７年度でも世界８位。すばらしい競争力を維持している。

繊維に機能を加えたり強度を高めたりと、技術力は世界をリードしている。炭素繊維が飛行機の機体にまで使用されていることは、広く知られている通りである。世界でオンリーワンの商品も数多くある。

そして**各社がグローバルな一貫生産体制を図っている**。日本から輸出しなくとも生産地に近いロケーションに工場を設け、供給体制を構築している。世界の成長産業を支えているのである。

川上からは、学べることが数多くあるように思う。

品質の安定を誇る川中

次に川中はどうだろうか。

「日本製は品質が良い」とは死語になりつつあるとも聞く。しかし日本の企業でしかできないことがある。それは**「品質の安定」**である。同じものを正確に再現することは、まだまだ日本の専売特許なのだ。

わかりやすい例として、昔着た学校の制服を思い出してほしい。同級生も先輩もまったく同じ色と風合いだったはずだ。人と同じように、羊もそれぞれに毛の質感が異なる。それをブレンドし、毎年同じ色の生地を再現する。日本人は当たり前だと思っているが、高い技術力が必要なのである。

国内の各地にも品質安定を得意とする産地があり、高品質・高感度の素材を提供している。欧米のラグジュアリーが採用しているものも多くある。海外の工場でもこの品質管理力が生かされて、素材の評価が高い。

岡山県と広島県にまたがる三備地区。デニム素材の生産において、積極的な開発などで世界をリードする。第2章で紹介したカイハラもこの地区の企業である。またニット生地でも、和歌山のメーカーエイガールズが、2017年に世界をリードする素材の展示会「プルミエール・ヴィジョン」でグランプリを受賞した。

ただ、だからと言って生産量を増大させればいいというものでもない。これら地方の企業はやはり規模が大きくない。無理に生産量を増やせば、納期や物流に問題が出てくる可能性がある。

川下のヒントはニッチな市場にある

本章の冒頭に紹介したように、国内のアパレル製造業は、ほぼ壊滅状態に見える。しかしそこに希望は見える。例えば中国の工賃や原材料は値上げが続いている。ニーズに合わせた極小ロット、短期納期には、やはり国内工場が最適である。

この**激減した事業所数の中、残っている企業は、いくつかの競争力を備えている**。次に挙げるいずれかである。

- ●短納期・多品種小ロット対応
- ●丁寧で高品質な服作り
- ●生産効率化（スマートファクトリー）
- ●一貫生産

ファッションには、ニッチな市場が必ず存在する。そこへの対応がヒントとなる。一朝一夕にできることではないし、人材不足、スキル不足、経営者の連続する変化に対する認識不足など、川下の直面する課題は多数ある。しかし、同時に解決の糸口を見出すこともできるはずだ。

以上、素材から服が作られるまでの各段階を見てきた。こうして製品となったアパレルが店頭へと並ぶのである。たった一枚のシャツであっても、デザインする人から始まり、何段階もの過程を経て、多くの人の思いが込められた製品が、われわれの手元に届くわけである。それら一点一点を大切にしていただきたい。

Point

- 高い技術力やグローバルな生産体制が川上・川中を支える
- 日本人にしかできないことが残されている
- ニッチであることは競争力の高さに直結する

主体性を持たない業界人たち――

バイヤー不在

本書執筆のための取材を進める中で、あるメーカーで耳にした言葉が印象的だった。**ファッション企業といえども、バイヤーのレベルに雲泥の差がある**という内容だった。

そのメーカーは、事務所が都内に、工場が東北にある、典型的なファッション製造企業である。技術力が高く、日本を代表するコム・デ・ギャルソンやワイズも支えている。

まず、発注元のアパレル企業とデザイナーズブランドの生産担当者の基礎知識の差を嘆いていた。デザイナーズブランドの担当者は、新企画の細部への希望や仕様を説明して、メーカー側と可能性を互いに探る。コストにしても知見があり、交渉もお互いに納得いく結果に落ち着く。しかし、全員とは言わないが、アパレル企業のバイヤーと呼ばれる方々は、まずはコストありき。**売れることが大前提で、モノ作りの理解、経験もほ**

ぼない。無理な要求を平気で続け、ひどいケースでは他社の現品を持ち込み、価格と納期だけをリクエストするそうだ。「これと同じ物を作れ。売れているから」ということである。メーカー側からの意見は聞かれないに等しい。

社内に蓄積されていた「モノ作り」の伝承はされなくなっている。企画力は、本来アパレル企業の肝となる部分である。しかしいつの間にか、**製品作りを他社に丸投げ状態にすることに疑いさえ持たなくなっている**。デザインのソフト価値が認められなくなっているのである。

そうして会社内にモノ作りがわかる人材がいづらくなってしまった。モノ作りができる人が独立して企画会社をスタートする。モノ作りがわからない会社がそこに企画を発注する。笑えない笑い話も現実である。

近年はOEMが多くなってきた。他社ブランドの製品を製造することであり、基本は依頼者の仕様に沿って製造する。さらに最近はしまむらやForever21なども取り入れているODMも見られるようになった。デザイン開発から製造までを外部に委託する方法である。

これらにより、アパレル企業の企画チームの固定費はなくなる。相見積でメーカーを選べば非常に効率が良い。短期的な利益への貢献にはつながるだろう。

しかしアパレル本来のブランド世界観やオリジナル価値の形成の視点で見ると、近視眼的過ぎるのではないか。売れ筋追及は商品のコモディティ化（同質化）を招き、百貨店の売場には同一商品が並ぶようになる。ラベルだけが違うという、こちらも笑えない現実がある。

本来、ブランド独特の世界観がアパレルの差別化であり、魅力だったはずだ。すべてをオリジナルにはできないにしても、商品構成を再考すべき時期であるのは間違いない。

責任者不在

売上低減が続く中、アパレル各社は社員の早期退職などで、一見企業サイズを適正規模に変革しているように見える。しかし、**本来責任を取るのは経営陣**ではないのだろうか。

事例として、三陽商会はメインであったバーバリーとの販売契約を２０１５年６月末に終了した後に、業界内でしか知名度のないブランドに売り場をほぼ継承した。努力は認められるが、結果は報じられている通りである。２０１３年に約２７０人、２０１６年に約２５０人、さらに２０１８年に3度目の約２５０人のリストラを発表した。

ライセンス終了決定から何年もの時間が流れているが、本当に組織や意識が変革されているのだろうか。わからないのが、自社の元役員を呼び戻していることだ。著者が発言する立場ではないが、若手社員の社長抜擢ならまだしも、過去の人を戻す意図はどこにあるのか。新しい試みが果敢に進められているのであろうか。

責任者不在は、サプライチェーンの再構築にも言える。川上・川中・川下の説明をした通り、元々、アパレルは水平分業体制だった。現在は生産のリスクも販売のリスクも自社で取る、SPAが主流になりつつある。小売業社が川上・川中・川下まで直接取引をする業態である。リスクも高いぶん、各段階での利益も見込める。

いくら取引期間の長いパートナーがいても、**時代に合ったサプライチェーンを構築しなければならない**。生き残るためには英断が必要である。「先代からの付き合いで」「あのときのご恩が」「信頼関係が」。言い訳とトリモチはどこにでも付く。**〝ビジネス・イズ・ノーパーソナル〟**。あえて冷たい表現をすれば、どんな企業もいずれ必ず潰れる。仏教的にいえば、命あるものは滅し、形あるものは壊れるのが世の定めである。自分たちが生き抜くことを最優先に考えるべきだ。必要とあれば冷徹な判断をすることも、経営者の仕事である。

これらの例に限らず、先にも記した激変の市場環境の中にありながら、大手アパレル各社が代わり映えせずにいる。明確な責任が決まらない日本的な集団決定方式。資産売却で繕うことのできる時間は短い。

問題の基本は、男性を中心とする年功序列制での現経営陣や従業員の給与体系を含めた既得権益である。加えて経営者の自己保身。自分の任期は残り短く、当面の利益に貢献しない長期的課題を先延ばしにする。その間に衰退が進んでいるのである。

繰り返される悪習

経済成長には新しいモノ・サービスの創出が不可欠である。しかし百貨店の婦人服売り場に10年前と大きな変化があるだろうか。日本百貨店協会が発表する**全国百貨店の売上高は、１９９１年の９兆７１３０億円から２０１８年には５兆８８７０億円と、約４割縮小**している。拡大するインバウンド需要があっての売り上げである。実際の国内需要だけでの比較を想像すると、背筋が凍る。その売上額の3割が衣料品である。

日本の百貨店のファッション商品では、量販店の食品のような、ＰＢ商品の成功事例はない。アパレル企業が海外で見込生産した商品を仕入れ、在庫の売れ残りを見込んで販売価格を決める。そして集客力のある百貨店に委託販売する。**「買取委託」という意味**

不明の日本語で呼ばれる商習慣である。シーズン期末には返品が普通に行われ、その返品を埋める新商品が納品される。

また、百貨店は一般的に売上額から30～45パーセント前後も手数料を取る。ほかの商業施設であれば20パーセント前後である。しかも販売員までメーカー派遣である。

百貨店のバイヤーは、期末には返品できるから真剣に取り組まない。企画はメーカー任せで、関心があるのは売上予算の達成状況程度である。その売り上げを達成できない言い訳は、山ほど用意されている。天候不良、来店者数の低下、売れ筋商品の納期遅れや品切れ、販売員不足……。両手では足りない。

繰り返しになるが、大手アパレル会社は依然新卒を採用し、定年制度までの終身雇用・年功序列制度を守る。全てが売れた時代を前提にした会社制度である。緊張感のない他人任せのビジネスモデルと見られても仕方がない。

これで生産性が改善するわけがない。元号が二つ変わったというのに、昭和のままではないか。**ＳＰＡ型企業の成長と成功が実証しているにもかかわらず、誰もこの化石のようなスタイルに異を唱えない**のが不思議でならない。年功序列や男尊女卑の組織の再考など、コストもかからずに可能なはずであるのに、それさえもしようとしない。いつか百貨店での販売が大きく復活するとでも夢想しているのだろうか。

物見遊山で展示会に参加する企業

著者の経験を記すが、これは実務経験者としての事実である。

海外展示会での日本企業ブースでよく感じたことだ。非常に残念だが、物見遊山気分が抜けていない出展社が少なくない。費用負担が行政から出ていることもあるかもしれない。

慣れていないのであれば、余計に準備が必要だ。それが不足していることが大きな問題である。外国語の資料、簡単な外国語接客、プレゼンテーションの準備。やればできることなはずなのに、**展示会に参加する最低基準さえも満たしていない**。主催経験のある著者にすれば、次回はお断りしたいレベルの出展社が多くあった。

2017年に国内で開催された大きなファッション関連展示会。著者は海外からのバイヤーの通訳として、3日間のお手伝いをさせていただいた。その展示会では出展社に海外バイヤーの紹介制度を設け、通訳が各ブースを案内するプログラムが準備されていた。誰でも知る有名海外百貨店のバイヤーたちも来日していた。

著者がその日担当したのは、米国ファッションＥＣの若い女性バイヤーだった。彼女を紹介したのは2社。1社は地方の老舗会社ブース。もう1社は若い新進日本人デザイナーのブースだった。

事実を書いていく。老舗ブースにバイヤーを案内すると、20秒でテイストが違うと判断された。この会社の海外担当者は不在。かつ外国語の資料さえない。**準備もしないで海外バイヤーに何を売るつもりだったのか**と驚いた。自社商品がこのＥＣサイトで販売されると、本当に考えていたのだろうか。いや、そもそもそのＥＣサイトがどんなものか、事前に見ているのだろうか。

次に若い日本人デザイナーブース。なかなかテイストも良く、バイヤーも興味を持った。デザイナーは英語が得意ではなかったが、彼のコレクション、ブランドストーリー、発注書はすべてひとつのＵＳＢにまとめられていた。**時間のないバイヤーが後でゆっくりと検討できるように準備されていた**のだ。発注書に数字を入れれば、そのままメールできる。

両者には、世代の違いとは言えない根本的な差が見えた。この事例は極端かもしれないが、学ぶ点は大きいはずだ。

Point

- モノ作りの伝承を途切れさせてはならない
- 生き残るためには英断が必要
- 主体性のないところに成長はない

変わる消費者、変わらない企業――

シーズン6カ月で陳腐化する商品

大量消費の時代が終わり、消費者の価値観は多様化している。しかしアパレル各社は、**業界が何十年も前に作ったビジネススタイルを、疑いもなく踏襲している**。小売店側も同様である。

第2章でも述べたが、アパレル業界では52週MDと呼ばれるように、季節に合った需要予測を立てて商品開発を進める。季節が変われば新しい商品が店頭に並び、季節末には残り物が安くなって、また新製品が並ぶ。消化率を上げるために短期納品を繰り返す。

しかし、本当に商品価値は下落するのだろうか。なぜ半年過ぎると評価損を計上しないとならないのか。

売れ残った在庫をセールで売る、アウトレットで売る。消費者から見れば、同じ服が何割も値引きされて並べられている。そうして商品原価と販売価格の乖離が進む。コストを下げるために、元々の小売価格が高く設定されているのである。サプライヤー側の勝手な理由に過ぎない。価格情報は手のひらの上に世界中から集まる時代である。商品と価値のバランスに、消費者は気づき始めている。

業界をリードするニューヨーク、ロンドン、ミラノ、そしてパリのコレクションでは、季節に合わせた商品が発表される。そのクリエーションの価値は十二分にある。購買層もしっかりとある。しかし、そのカレンダーを業界全体で追いかけていていいのか。一度立ち止まって考えなくてはならないのではないだろうか。

売上昨年対比予算という脅迫

アパレル業界には、**予算組みを昨年売上対比で組み立てる、脅迫にも似た習慣**がある。コストや需要の変化を考えず、予算を去年の売り上げと同じ、あるいは高く設定するのである。消化率を仮定して、売上予算に見合う仕入計画を立てる。過大な在庫が残っていても、新商品の仕入を優先する。

図5を見返してほしい。消化率は業界全体で下がっている。予算組みの際に仮定する

消化率も必然的に下がる。だからコスト率も下がる。商品の顔が悪くなり、価格とのバランスが崩れて売れ残る。そして値引き販売する。この悪循環をループのように続けている。

企業の目的は利益の追求である。売り上げは利益を得るための手段に過ぎない。売り上げより利益に基準を置くべきなのである。理想は商品の顔が良くて、プロパー販売、100パーセント消化のはずだ。根本的な発想の転換、売上至上主義を再考する必要がある。前期の実績を白紙に戻して、適正な売上規模と利益額を再考する作業も、無駄ではないはずである。

進まないグローバル化への対応

日本のアパレル企業は、自国に大きなマーケットがあったがために、海外に出ずとも業績は伸ばすことができてきた。しかしこれからは、人口減少、単価下落、ファッション離れと、非常に厳しい環境になっていく。

今後は、最も成長が見込めるアジア市場に注力すべきである。距離的にも近く、欧米の企業よりサイズ感も近く親近感も強い。日本は旅行先としての人気も高く、今後、アジアからの旅行客はますます増えるだろう。彼らにとって日本ブランドが身近な存在となることは間違いない。

しかし**日本のアパレル企業のグローバル化は出遅れている**。端緒な例としては、日本だけがなぜか雑誌やカタログのモデルに欧米人を好む。ほかのアジア諸国は基本的に自国のモデルである。

商品を売る先の需要を考えなければならない。当然、そのままの商品を輸出するのではなく、国民性や文化に合わせて、色やデザインを変える必要がある。事前の十分なマーケティングの大切さは言うまでもない。

日本の小売り企業は、アジアの人々に認知されている。日本旅行で立ち寄った店舗に感激し、自分の国にもあればと渇望する人もいる。すばらしい事例としては、バンコクに出店したドン・キホーテである。「待ちわびた出店」と現地新聞に報道されるほどだった。

通信、言語、物流など、いままで海外展開の障害になっていたものがどんどん簡便化されている。国内・国外との観念さえなくなるのに時間はかからないはずだ。

Point

- 消費者はビジネスの矛盾に気づいている
- 企業としての本来の目的を再認識する
- グローバル化への対応は必須

狙われる日本市場――

日本はすでにアジアトップではない

日本はいまだアジアトップの国である。日本人だけがそう平和に信じている。

すでに不動産価格で比較しても、東京よりシンガポール、香港、台北のほうが坪単価で高額である。経営トップ層の報酬も、日本より恵まれている。

ファッション産業の生産基盤は、日本と中国では比べ物にならない。例を挙げると、中国でのスーツ製造工場はＩＴ産業として国から補助されている。設備投資の額、生産能力、どれを取っても中国がリードしている。**工場規模や設備に至っては、もう追いつくことは永遠にないだろう。**

トランスコスモスの「アジア10都市オンラインショッピング利用動向調査２０１９」

によると、ショールーミング（実店舗で確認してオンラインで購入）経験割合は東京62パーセントに対して、ほかの都市は80パーセント以上を占めた。ウェブルーミング（ウェブで探して実店舗で購入）の経験割合でも、東京54パーセントに対し、北京、台北は70パーセント台、ほかの都市は80パーセント以上。買物行動では、東京よりアジアの他都市のほうが先進的である。

グローバルなファッション教育機関である、ニューヨークのパーソンズ美術大学やファッション工科大学、ロンドンのセントラル・セント・マーチンズを見ても、日本人よりもアジア他国からの留学生が圧倒的に多い。

国内の主要ファッション専門学校でも同様である。海外から夢を抱いてやってきた若い彼ら彼女らが、世界の一流の教育と街に刺激を受け、経験を積んで母国に帰る。そうしてしっかりとした生産背景と融合すれば、日本にとって大きな脅威となる。英語が日常語であることも彼らの優位性となっている。

著者が教鞭をとる専門学校でも、彼らの意欲は評価できる。日本人より夢が大きい。

人生において自身が持つ夢以上の成功などあり得ない。

ジャパン社を作る海外ブランド

海外ブランドから見た日本市場も変容してきている。**いままで海外ブランドの日本での展開には、日本側のパートナーが必要といわれてきた**。言語や独特な商習慣が障壁とみなされていたのである。しかしその中で象徴的な事例がある。

１９９６年シンガポール発の、靴やバッグのブランド、チャールズ&キース。２０１３年にオンワードホールディングスの出資を仰ぎ、原宿に旗艦店をオープン。全国に14店舗を展開するに至った。洗練されたショップ、値頃感あるトレンディな商品群と大きなポテンシャルが感じられた。

アジア発ながら、世界38ケ国で５２２店舗を展開するＳＰＡの１社であった。しかし残念なことに、２０１６年12月で提携を解消し、国内すべてのショップをクローズした。

結果的には本国サイドが翌月にジャパン社を設立し、直営体制を目指した。そして２０１８年10月に、世界的に見ても最大級の店舗を名古屋にオープン。以前の失敗から学び、ローカライズを進める。

MDも本国主導でなく、日本側が発言力を持つ。ECも以前と違い、自社及び他社2社のみの展開としている。トレンドと値頃感という他社にはない強みもあり、デベロッパーからの出店要請も強い。都市圏を中心に、3年で10〜15店舗の出店を予定。ECと合わせての認知拡大に注力する。

日本の場合、皮革製品は国内産業保護のために、素材の入手やコストにおいてグローバル競争力を持ちにくい。チャールズ&キースは、日本市場において見過ごせない底力を秘めている。今後も注視していきたい。

アジアからの浸食

2008年、ロンドンのヴィクトリア&アルバート博物館に、アートとして展示されたHIPANDA（ハイパンダ）。アーティスティックなキャラクターとして、セレブリティの間で評判となり、ヨーロッパで瞬く間に認知を得た。2010年の展示会には多数のセレブリティが来場。美術館やブランドとのコラボなどで、アパレルビジネスへとシフトする。2019年5月現在、中国で220店を展開。日本市場への本格進出として、2019年4月には、表参道に最大売場面積の旗艦店がオープンした。

事業主体である日本法人竹馬株式会社の代表者は、ジョウ・ヨウ氏。中国の方である。店舗内装は東京をベースに活躍するキュリオシティのグエナエル・ニコラ氏が監修。銀座エリア最大の商業施設「GINZA SIX（ギンザシックス）」のフェンディやモンクレールの内装実績を持つ人物である。

ニコラ氏と共に店内デザインを手がけたのは、東京・サンフランシスコ・仙台に拠点を置くビジュアルデザインスタジオ「ＷＯＷ」。ハイテクノロジーを駆使したＡＲ（オーグメンテッドリアリティ／拡張現実）や驚きの仕掛けが楽しめるらしい。グローバルなメンバーによる最新の店舗デザインや購買経験には大きな興味と期待が持てる。まさに「ＷＯＷ」を叫んでみたい。

２０１８年から、Ｋ－ＰＯＰを先頭に、「サードウェーブ」と呼ばれる第３次韓国ブームが起きている。その波はＥＣにも及ぶ。

韓国ＥＣサイトのＨＯＴＰＩＮＧ（ホットピン）は、２０１８年度に日本から約５億円を受注した。前年比成長率２００パーセントである。注文したアパレルを６００円程度の送料で、佐川急便が日本国内の自宅に届けてくれる。最短１日の納品。地の利としては日本のサイトと変わらない。超競争市場の韓国市場を生き抜いてきている韓国ＥＣの価格とトレンドを掴む速さは、日本ＥＣの一歩先を行っているかもしれない。

今後はアジアの意欲的なファッション企業の日本市場進出が当然となってくるであろう。若い世代には、原産地やブランドに国名など関係ない。ファッション業界では毎シーズン世界大会が開催されるのである。目から鱗を剥がし取らないと、企業の存続が危うくなるだろう。

Point

- 日本は挑戦者であると心得る
- グローバル化した敵が容赦なく攻めてくる
- アジアはこれから最も成長する市場である

夢を叶えるいちばん良い方法は、
夢から目覚め行動することである。

ポール・ヴァレリー（著作家／１８７１〜１９４５）

第5章

パラダイムシフト前夜

20世紀、産業社会の発展で分業が確立され、われわれは消費者となった。食べ物も着る物も、自身では作れなくなった。

社会が細分化、専門化されることで、技術進化はますますスピードを増す。そうして生まれたテクノロジーにより、世界は別の形で大きくつながろうとしている。

これから訪れるのは、狩猟社会、農耕社会、工業社会、情報社会に続く、「ソサエティ5・0」と呼ばれる超スマート社会だ。すでにインフラとなったネットワークのさらなる進化が実現させる、人類が経験したことのない世の中である。

その過程で、社会構造、消費者の価値観、日常生活、文化がどのように変化するのかは見えづらい。ビジネスの担い手としては、まさに暗中模索(あんちゅうもさく)と言える。しかし、変化を認めない者に未来はない。

本章では、最終章に続く提言の前提として、進化するテクノロジーと消費者意識の変化の分析、未来予測を行っていく。

世の中を変えるテクノロジー──

５Ｇが社会を変える

人口減少、人材不足を前提とする社会の中で、**生産性向上の最大のカギとなるのは、やはりテクノロジーへの対応**だろう。アパレル業界も他分野に漏れない。ここでは進化するテクノロジーがもたらす恩恵について、より詳しく見てみよう。

業界はもちろん、社会全体に変革をもたらすのが５Ｇ（第５世代移動通信システム）の開発である。２０２０年に導入され、通信速度は従来の４Ｇと比べて20倍に増大するという。

米通信大手ベライゾン・コミュニケーションズのハンス・ベストベリCEOは、**「５Ｇはあらゆる産業を一変する」**と発言している。ＡＩが人間の脳とすれば、５Ｇはいわば五感を脳に伝える神経と呼べる。通信の遅れがほとんどなく、大量のデータを一気に送ることができる。1平方キロメートル当たり100万台までの機器接続が可能となり、IoT（身の周りのあらゆるモノがインターネットにつながる仕組み）の普及に弾みがつく。5Gによって進化する通信インフラが、われわれのライフスタイルを大きく変えていくだろう。

よく聞く話題としては、自動運転だ。すでに国内においてもNTTの「5Gデモバス」が公道で実験を行っている。5Gの高速・大容量を生かし、バス車内の左右正面に13K相当の高精密な映像を表示する。時速30キロ程度の走行とはいえ、夢の技術である。

高精度な地図をダウンロードし、自動運転で目的地に向かう。データの遅延性がないために、遠隔地からカメラ映像をチェックでき、もしものときはブレーキ操作もできる。100パーセントの精度や安全性とは言えないだろうが、近い将来に現実になることに疑う余地はない。

ファッション業界で言えば、5Gの普及は詳細な売上分析やデータの全店シェアなどの業務の効率化に直結するだろう。**多店化されている組織での生産性向上への寄与は計り知れない**。

あるいは出張先の海外から現地の画像を東京のオフィスへ大量に送り、東京側ではテクノロジーによる疑似体験を通して現地と共有するなどということも可能である。

業界は異なるが実例も出てきている。米国のeXpRealityはVR（バーチャルリアリティ／仮想現実）空間にオフィスを構えて急成長する不動産会社である。全ての役員、社員がアバターとなってコミュニケーションを取る。２０１３年に株式公開し、６年間で株価は10倍。２０１８年12月には売上高は前期比３・２倍の５億ドルとなった。分野を限らず、このような時空を超えたコミュニケーションが日常になるだろう。

さらに地域全体がネットワークにつながれば、時間、場所を瞬時に超えた購買経験も可能になる。５Ｇによって、医療の分野では遠隔手術も可能になるといわれているほどだ。大都市に住む販売員が地方のショップで接客することなど容易にできる。あるいはニューヨークのブランドにアクセスし、アバターで試着して購入する。それも普通の試着では見れない後ろ姿まで、動画でチェックできるとしたら。想像するだけでも魅力的な体験である。

目覚ましい進化を続けるテクノロジー。さらに５Ｇの普及によって、そのスピードには拍車がかかるだろう。小売店の機能自体が大きく変化するのは明白である。**購買行動**

がまったく違う形態になる。総務省は、2020年にも器機間の通信に必要な電話番号を100億個追加し、現状の125倍に増やす政策を発表した。基盤整備はすでに進んでいる。

広がるAIの可能性

すでに日常的に使われる言葉となった「AI」。誕生は1950年前後に遡る。初期的な製品では電子計算機だ。技術進歩が進み、1980年頃からは「マシンラーニング（機械学習）」と呼ばれる技術が発達した。「ルールベース」といわれるように、人間がルールを教えて機械が学習する。チェスや将棋などで人間を負かすレベルにも達したが、あくまでひとつの分野に限られた。

2012年頃からは、「ディープラーニング（深層学習）」と呼ばれる新世代の開発に入った。ここに大きな進化がある。AIの活用には大きく二つの解釈がある。ひとつはデータや情報技術によって業務の効率化を目指す意味。もうひとつが、このディープラーニングの活用である。

ディープラーニングでは、画像認識、音声認識など、多量のデータを瞬時に読み込める。1枚の写真の読み込みにかかる時間は0・01秒といわれる。そうして得た膨大な量のデータから、AI自らが学習できるのである。

例えばインスタグラムの大量の画像からTシャツの画像を認識し、そのデータから解析した回答を短時間に提供してくれる。地域別、時期別、男女別、年齢別など、さまざまな分析の結果を得ることができる。**シルエットやカラー別の売れ筋分析などは、いとも簡単にできるようになるだろう**。

分析対象が適正であればAIは非常に精度の高いデータが入手できる。人間が想像できないような、隠れた需要を見つけ出してくれる可能性さえも期待できるのである。

人の仕事はなくならない

少し業界からは離れるが、中国でのAIの取り組みを記したい。

iFLYTEK（アイフライテック）は、中国トップクラスのAI技術を持つ企業である。広州での実証試験では、総合的な交通信号の最適運用をAIが担当し、混雑や事故に対応している。それにより緊急車の到着が7分短縮したと発表された。同社のAIが、中国の医師試験にパスしたとの発表もあった。

ファッション業界として注目したいのは、音声認識による多言語への対応だ。会議での発言が、同時にコンピュータ上でテキストとして表示される。つまり複数の母国語の会議であっても、同時通訳が可能になるのである。画像認識による機械翻訳もレベルが上がり、会社発表では、中国語と英語の翻訳正答率が92パーセントの精度にまで至っている。

小売業や観光業にとって、機械翻訳の潜在力は大きい。**近い将来、完全にとまではいかなくとも、言語バリアーは乗り越えられる**。外国語の苦手な日本人にとっては可能性が大きく広がる朗報である。すでに政府の後押しもあり、いくつかの国産同時翻訳機も手頃な価格で市販されている。

対面販売だけでなくテレフォンセンターでの多言語での自動応対、カタログ・説明資料の多言語化、海外企業との会議での同時文字起こしなど、その可能性は無限に広がる。デジタル技術の活用は、業界にとってのソリューションとなる可能性が非常に大きい。しかし、同時に大きな課題もある。個々の技術やシステム導入のコスト問題である。その上、有効活用するには基幹システムの更新が必要となる。その投資は中小・零細が多いアパレル産業では高い壁となる。業界全体が無駄をなくし、生産性と収益性の高い産業へと進化できることを強く祈念する。

これほどまでに発達するＡＩを考えるときに、ひとつ付け加える課題がある。シンギュラリティ（技術的特異点）問題である。人工知能の権威レイ・カーツワイル博士は、コンピュータ内のニューロンの数は２０４５年までに人のそれの数を超え、コンピュータが意識を持つ可能性があると述べた。

２０２５年頃には次世代の汎用性人工知能「ＡＧＩ」が登場し、人間に代わり労働生産性を飛躍的に成長させる可能性がある。その未来に、シンギュラリティへの到達があるのは事実だろう。

しかし**認識しておかなければならないのは、あくまで人が主役であることに変わりはないということ**である。第1章で述べたように、リコメンド機能も精度が高くなり過ぎると、いずれみんな同じ服になってしまう。ＡＩの機能にはファッションの楽しさと矛盾する面も存在する。

先に紹介した「アマゾン ファッション ウィーク東京２０１９年秋冬」で、ウェディングドレスブランドのエマリーエは、ＡＩとデザイナーのコラボによるドレスのショーを行った。東京大学ニューロインテリジェンス国際研究機構の合原一幸（あいはらかずゆき）教授を中心とした研究者たちとの協業である。既存のコレクションにはなかった、斬新な発想のドレスが注目を集めた。

人の出番がなくなりはしない。ＡＩと人間がうまく互いを補完することが、生産性の向上に寄与する社会になっていくだろう。

Point

- 5Gが社会を根底から変える
- ＡＩは生活インフラの一部になる
- 人間とテクノロジーの共存が生産性を向上させる

進むキャッシュレス化

出遅れる日本

昨今話題に取り上げられることの多いキャッシュレス化。２００８年には10パーセントに満たなかった日本国内のキャッシュレスでの支払率は、２０１９年現在で約20パーセントになったといわれている。

大きく伸びたのにはいくつかの理由がある。まずはオンラインショッピングの拡大で、クレジットカード利用が伸びたこと。携帯電話の決済もその後押しをした。Suica に代表される電子マネーの普及も大きい。

しかし、**日本は先進国の中で見ると、ずば抜けてキャッシュレス化が遅れている**。日本政府は２０１９年10月の消費税増税実施時に、キャッシュレス支払いに対して5パーセントキャッシュバックを付ける政策で、普及に弾みを付ける狙いだ。２０２０年には支払率40パーセントを目指すとしている。キャッシュレス化は日本の大きな課題である人手不足問題に貢献でき、生産性の向上につながる。

普及を拒む原因は複数ある。まず日本では中国のような偽札の心配がまったくないこと。

そして日本人の計算力の高さである。日本人は引き算でお釣りの計算をできる。欧米の販売員は、購入金額に足し算をして、もらった金額になるようにお釣りを計算する。冗談のように聞こえるが本当の話である。だから欧米の消費者は、レストランでさえ注文内容と金額を必ず確認する。店員が本当に正しい金額を提示しているかわからないからだ。日本人だけが言われたままに支払う。

海外に旅行された方なら経験があると思うが、日本ほど計算が早く正確な国はない。それができない国でレジスターが発明されたのは事実である。

またクレジットカード会社の手数料の高さも、キャッシュレス化の障害である。日本のクレジット会社は、依然手数料商売から脱却できていない。現代であれば、例えば会員の購買履歴のビッグデータをプライバシー保護した上で、情報として活用できるビジネスがあるはずだ。その上、支払い代行企業の乱立や利用先の不便さといった課題も解決されていない。

顧客データ獲得の機会

キャッシュレス化の進むスウェーデンでは、教会の寄付でさえ、キャッシュレスが普通と聞く。日本でいえば、お寺参りの賽銭を携帯で払う感覚である。スウェーデン国内の銀行1600店のうち、現金を取り扱うのは900店のみ。現金を預金する際には身分証明が必要となる。逆に日本国内での現金決済のためのATMの保持や輸送には、多大なコストが費やされている現実もある。実に1兆円といわれる。

有名な話だが、ギリシャではキャッシュレス化が進んだことで、軒並みレストランの申告額が増え、納税額も増えた。キャッシュレスは脱税予防にも最適である。現金を持ち歩く危険性も減る。

格安の端末のお陰でキャッシュレスの普及が進んだ中国では、加盟店側に費用負担がない。店側がQRコードを示して、それを消費者が読み取るだけで支払いが済む。中国の物乞いが首からQRコードを下げているのは有名な話である。こうした背景から、中国では無人コンビニが一気に出店されるようなイノベーションが起きた。

決済端末の使用の簡素化や低価格化が進めば、小売業での導入は増えていくだろう。

キャッシュレスは現金管理や売上集計の簡素化にもつながり、生産性向上にも期待できる。何より、新たな顧客のデータ獲得が可能となる。より顧客に沿ったフォローやアプローチが可能になる。

日本を訪れる中国の方々を見てもわかるように、いまや世界的にはキャッシュレスが当然である。「現金でお願いします」と言ってもどうにもならない。日本での改善は喫緊の課題である。

Point

- 日本のキャッシュレス化は大きく出遅れている
- キャッシュレスは生産性向上を助ける
- キャッシュレスには顧客データ獲得のメリットもある

個人に合わせたサービス――

スーツは本来オーダー品

「マスパーソナライゼーション」というマーケティング用語がある。テクノロジーを駆使して、**低コストの大量生産プロセスと柔軟なパーソナライゼーションを両立させること**を意味する。少々ややこしいが、製造過程と顧客カスタマイズを融合し、最適なサービスを提供させることである。すでにスニーカー、ニットなどで商品化されている。ここではメンズスーツの事例で話を進める。

「温故知新」という四字熟語がある。「故を温ねて新しきを知る」。論語には続いて「以って師たるべし」とある。昔のことを調べて、そこから新しい知識や見解を得てこそ、先生になれるという意味だ。

前置きが長くなったが、スーツは百十数年の間、いまでいうビスポーク、つまり〝誂え〟で頼むのが当然として続いてきた歴史がある。現在のような大量生産の設備自体がなかったのである。日本では1960年代に初めて既製服の紳士スーツが、「吊るし」と呼ばれて百貨店に登場した。価格は当然安い。誂えのスーツの数分の1だった。

経済成長により、スーツを着て仕事をするホワイトカラーが増大。大きなマーケットが形成された。いつしかスーツは既製服が王道となり、オーダー紳士服は特殊な分野に追いやられていった。

しかし第1章でも触れたように、人間の体は一人ひとり違い、左右非対称である。腕の長さも左右で異なる。当然、既製服ではその違いをカバーできない。一度自分の体型に沿ったジャケットとパンツを着用すれば、既製服の満足度との違いを実感するだろう。雲泥の差である。スーツはこんなにも気分を変えてくれるのだと感じられるはずだ。

自分だけの一着の価値

オーダースーツは「フルオーダー」と呼ばれる、すべてを一人の職人が手掛ける贅沢品から、既成パターンの修正で合わせる「パターンオーダー」までがある。

テクノロジーがこうしたオーダースーツの生産背景を大きく進化させた。CAD/C

AM（キャド／キャム：コンピュータによる設計・生産）、自動裁断機、縫製関連機器などの進化が、既製品との価格差がほぼないパターンオーダーを可能としたのである。私見だが、パターンオーダーであっても、既製服よりオーダースーツをお勧めする。

この価格革命で市場は大きく伸長している。オンワード樫山が展開する「カシヤマ・ザ・スマートテイラー」は、デジタル技術を駆使して拡大している。中国の自社工場からお客様に直送発送。最短1週間での納品が可能である。国内だけではなくニューヨークのコワーキングスペースチェーンでの展開も開始した。2019年2月期には50店までの出店を計画し、売上高約40億円、販売着数約5万3000着を見込む。好調を受け、2019年4月には中国大連で第2工場を本格稼働し、10万着強の増産体制を確保予定である。

ほかにもAOKIが専業態「Aoki Tokyo」をスタート。サカゼンも新業態で展開。コナカも新たなブランド「ディファレンス」を展開と、パターンオーダースーツ市場への新規参入が続いている。

「自分だけ」の価値を高く評価する、若い世代のスーツ購入行動の変化の表れである。個人に似合うパーソナルスタイリングは、ECから百貨店まで広がり続けている。個に基づいたサービス提供が日常になって行くのは確実である。テクノロジーの進化が自分のためだけのたった一着の洋服を身近にした。まさに温故知新である。

Point

- 消費者が求めるものは人それぞれに異なる
- 「自分だけのもの」が大きな価値となる
- パーソナライズのコストは大きく下がっている

日本のニューリテール

サスティナビリティ

前章で、米国におけるニューリテールの事例を紹介した。当然日本でも同様の取り組みやサービスが展開されている。

まずは生産現場での労働搾取の撤廃である。労働者の環境改善、生産発注先の情報開示が進んでいる。

事例としては、マザーハウスがある。代表の山口絵理子(やまぐちえりこ)氏は、ベストセラーの著者としても知られている。バングラデシュのジュートやレザー、ネパールのカシミアやシルクなどの魅力的な素材を生かしたモノ作りを追求し、成功を収めている。現地ではトップクラスの労働環境を整えて評価されている。

製造企業のサスティナビリティに対して、発注側もその責任の一翼を担うのは当然である。収益の適切な配分がビジネスのサスティナビリティを生むのである。これから育つ新しい産業が適正な雇用をつくり、労働者に幸せを運ぶものであってほしい。そしてそれが消費者の幸せにまでつながれば、なおすばらしい。

流通段階では、フリマアプリのメルカリやネットオークションのヤフオク!のようなCtoCの伸長がめざましい。

メルカリはスマホひとつ決済できる便利さもあり、大きく成長している。2014年7月に1日当たりの取引額が1億円を超え、2017年2月にはなんと10億円を突破。2018年6月期の日本事業の流通総額は3468億円。昨対比は48・1パーセントアップという驚異的成長である。投資フェーズのため営業利益は赤字が膨らんでいるが、成長は約束されている。

まさにコミュニケーションを伴ったテクノロジーが生んだ、新しい購買経験である。英国事業の撤退や米国での苦戦も聞こえてくるが、新しい流通をビジネスにした先駆者として期待したい。

また、単価はまったく異なるが、2019年4月に三越銀座店と伊勢丹新宿店がハイブランドの買取窓口を設置した。もはや使用品の流通が市民権を得た証左であろう。

同時に**ファストファッションへの問題提起**も、服そのものへの問い掛けとなっている。ワンシーズン着ただけで、ゴミのように捨てて良いのであろうか。日本人にはすべての物に神が宿る考え方がある。いま一度、服がたくさんの人々の手を経て届くことのありがたさを考えてみたい。

サブスクリプション

モノが溢れる時代。**所有することに価値を持たなくなった消費者は、利用することで満足を得る**。シェアエコノミーと呼ばれる共有使用も、社会に溶け込みつつある。

ここでは日本における先駆者である、エアークローゼットを取り上げる。

エアークローゼットは、２０１４年に法人設立。２０１５年よりファッションレンタルのプラットフォームを目指し、普段着のレンタルとしてサービスを開始する。デジタルとリアルを融合させたニューコマースである。

女性の社会進出が進むに連れ、買い物や服を選ぶ時間が取れない、あるいは無駄に感じる女性が増えている。エアークローゼットはこの問題のソリューションを提供した。

月額９８００円（レギュラープラン）と６８００円（ライトプラン）の定額プランが

あり、オンラインで簡単に完結する。スタイリストが選んでくれる服が毎回3着届き、自分では選ばない服との出会いも楽しめる。期間の定めもなくクリーニングも不要で、戻せば新しい服が届く。レギュラープランであれば、その回数も無制限。お気に入りがあれば購入もできる。アンケートの結果をＡＩが解析して、会員の好み、サイズ感などを学び、満足度の向上を図る。

ブランド側から見ても、エアークローゼットへの出品は新規のユーザーとの関係構築に役立つ。スタート時は80だった取り扱いブランド数が、現在は３００以上となった。会員数は22万人を突破、日本最大級のファッションレンタルサービスに成長している。

同種のサービスにメチャカリもある。２０１８年12月で有料会員が1万2千人を超えたとの発表があった。２０１９年5月21日には、アプリの累計ダウンロード数が１００万を突破している。こちらは新品のみの貸し出しで、戻った服はユーズドとして販売するシステムである。

実店舗で選ぶ楽しみでなく、家に届いた梱包を開ける楽しみ。時間もかからずフラストレーションのない、新しい洋服の楽しみ方である。

Point

- CtoCビジネスが容易にできるようになっている
- 消費者の買い物に費やす時間は減っている
- 所有に価値を感じない人は利用で満足を得る

決意は遅くとも実行は迅速なれ。

ジョン・ドライデン（劇作家／1631～1700）

第6章

アパレルの生き残る道

最終章では、パラダイムシフトする世の中で、われわれにはどのような可能性が残されているのか、何を変えていけばいいのかを模索する。前章までに記してきた問題に個別の解決策を提示していく。

ここまで見てきたように、通底するのは意識変化の必要性である。業界、企業、行政。そして、いま、何より必要なのは、われわれ一人ひとりのマインドシフトである。個人としても、明日の自分が今日の自分と同じであってはならない時代が訪れているのである。

もちろん認識しなければいけないのは、危機感だけではない。

縮小したとはいえ、日本のアパレル市場は現在約10兆円。主要コンビニエンスストアの売上高約11兆円、スマートフォンの通信費約10兆円と比較しても、まだまだ主要産業であるといえる。新しい市場の開拓や、生産性の向上の余地も十分にある。

社会課題の解決とあるべき企業価値の再認識。そこに自分たちの強みを掛け合わせたとき、答えはおのずと見えてくる。

組織が変わるとき――

市場にヒントは溢れている

変われない企業群、リーダーたち。好調他社のビジネススタイルを真似しろとは言わないが、市場には学ぶヒントが多々あるはずである。

SPAは自社のリスクで商品を作り、自社で売り切る覚悟で展開する。店頭の消化状況をサプライチェーン全体で情報共有。素材カラーや生産数も売場起点で、可能な限りのコントロールに挑戦している。常に顧客を見て、MD施策を検証、分析する。

そうした**新しいチャレンジを試みない企業が悪習を繰り返す**。ネット販売でのクーポン割引、アウトレット施設。ディスカウンターが溢れている。バーゲン販売の魅力はすでに大きく低減しているはずだ。オックスフォードのボタンダウンシャツが百貨店で1万6000円、セール半額で8000円。片やSPAはプロパー価格で3980円である。

もちろん百貨店での販売価格とＳＰＡの販売価格を単純に比較はできない。しかし消費者にその差異を理解させるのは簡単ではない。

コスト率の事例とすれば、セールを前提とせずに商品コスト率を大きく上げて、高品質ながら値頃感を実現させたTOKYO BASE（トウキョウベース）がある。売り切ることを前提にしたプロパー価格設定。通常のアパレル商品のコスト率が約25パーセントのところ、TOKYO BASEは40パーセント以上。同じ2万円の商品であれば、コストは５００0円と８０００円の差になる。見ただけで品質の違いがわかるほどである。

リスクに立ち向かうリーダーを

先に日本の成功例として取り上げた、ファーストリテイリングと八木通商には共通点がある。**判断の速さとリスクに立ち向かう姿勢**である。

多くのアパレル企業では、会議に会議を重ね、「会社で決まったことだ」と責任者不在のまま施策が進められる。それなのに、何人ものハンコが必要。そうしている間に、後ろ髪の短い成功の女神は駆け抜けていく。

海外のファッション企業で、会議を重ね集団決裁しているという話は聞かない。ＩＴ

業界では**自分が思いついた時点で10人が同じことを考えている**と認識し、誰よりも早く商品化するために寝ないで励む。コモディティ化した分野では、最初に発想した人物しか生き残れないのである。

前章で述べたように、日本には**10年間株価総額が上げられないでいるにもかかわらず、変われない企業群が継続されている**。昨年実績をベースに経営計画が策定され、期中に下方修正を発表する。リストラ原資には過去の資産の売却資金を充てる。

世界的に見て、起業家タイプのリーダーが活躍している。日本でもデジタルを理解し、時代に合わせた変革を進める強力なリーダーが必要である。

リーダー論を語るのが本書の目的ではないが、革新型リーダーに共通する秘訣を少し述べる。破壊的イノベーション研究の第一人者であるハーバード・ビジネス・スクールの教授クレイトン・クリステンセン氏は、最も大切な思考方法を習慣づけるための次の5項目を挙げている。

1、何に対しても「なぜ、どうして」といった疑問を持つ
2、周囲、外界を注意深く観察する
3、分野や文化の異なる人々と交流する

4、広義の趣味、遊びを通して諸々の経験を重ねる
5、発見やアイデアを実際に試してみる

組織が変わるためにはリーダーが変わらなければならない。読者ご自身はいかがだろうか。簡単に始められることもある。トップが新しいテクノロジーを理解すれば、デジタル変革が一気に進む。無料で使えるアプリやシステムはたくさんある。どんなことでも、アップデートする習慣を持つことはリーダーに欠かせない要素である。

クリエイティビティやイノベーションは特殊な才能ではない。小さな継続が最大のシードである。だからこそ早く行動を起こさなければ、置いていかれるばかりなのである。

ダイバーシティへの対応

日本人は単一言語の環境下、横並び教育を受けて共通の価値観で育つ。グローバルの視点から見たとき、われわれの常識の特殊な点を挙げればキリがない。

組織のグローバル化はイノベーションの源である。例えばデザイナーとして中国人や

イタリア人に白羽の矢を立てるのも、多様性の広がりに期待できるのではないか。日本で働くことに憧れるファッションピープルは、世界的に少なくない。日本人社員の異文化への対応力も育つだろう。

さらなる問題に、年功序列の雇用システムがある。米国、英国、オーストラリアなどは定年制度自体がない。年齢と無関係に個々の能力や実績に基づいて評価される。若くても実力者なら昇進し、高齢者でも技能があれば給与は下がらない。

著者が知るニューヨークでの求人応募の履歴書には、年齢や性別さえ書かれていなかった。そして応募者は必ず失敗体験を聞かれる。失敗体験のない者は挑戦していないと評価される。失敗体験者は何かを学んでいるのである。

少ない経験だが、香港時代に採用面談を担当したことがある。その履歴書に書かれていることは、最低3割引きで読むように意識した。つまり、彼ら彼女らは自己評価が高いのだ。**自分を売り込まなければ評価されない**ことを知っている。人を育てるためには、思い切って背伸びさせてやらせてみることだという。自らを高い壁に向かわせることで、成長できることもわかっているのだろう。

日本の黙っていても評価されてしまう雇用形態が、みんな同質のまま社歴を重ねていくことを良しとさせる。謙虚を美徳とし、自分で自身の価値を3割引きするようになる。

ライバルが3割増しでアピールしているのに勝てるわけがない。また日本人は所属した企業で個人を測る傾向があるという点も大きい。価値は個人の能力である。その企業の中での業務内容、成果が基準であるべきだ。

ここでも実例としてのヒントがある。

国内外で約290店を運営する眼鏡専門店オンデーズ。透明性と公平性を高めるために、管理職の社内立候補制度を取って成功している。自分たちの上司は自分たちで決めるという斬新な人事制度。社歴、学歴、性別、国籍に関係ない、まさにダイバーシティを体現した制度である。

組織の劇的な変革は無理でも、一歩ずつなら可能である。テクノロジーがデータ共有を容易にしてくれる。フラットな組織が機能しやすい条件は整いつつある。出遅れれば出遅れるほど、追いつくことが難しくなるのは明白。"Decide and Go"。決めてやるのみである。

優秀な人材を集めるために

米国を見ると、終身雇用制度がいまだはびこる日本とは違い、中途入社も普通である。

企業も実業経験のある即戦力をいつも求めている。そもそも年齢で給料を決める発想こそ根拠がない。

日本が誇る情報産業のトップ企業のひとつ、ＮＴＴでは、ＩＴ関連社員の国内外他社への転職が日常茶飯事となっている。日本企業特有の固定した給与体系、人事制度がその動機になっているのは事実である。自分の実力を正当に評価してくれる企業で働きたいというのは、当然の考えだ。ＮＴＴは技術者の給与体系に特例を設け、人材のつなぎ止め対策を始めた。

人材獲得の面でさえ、相手はすでにグローバル企業になっている。ルールが変わっていることを強く認識するべきである。中国企業のHUAWEI（ファーウェイ）が日本の理系学生の初年度月給に40万円を提示し話題になった。横並びの給与体制が改まっていくのは時間の問題であろう。

すでに、その動きを見せている日本企業もある。ソニーは２０１９年度からＡＩなどの先端領域で高い能力を持つ人材については、新入社員も含め、１年間給与を最大２割増しする。

また、カルロス・ゴーン元日産会長の不正支出問題を機に、各企業では海外投資家にも向けた、役員報酬の適切な開示の模索が続いている。

ファーストリテイリングは役員に限らず、各グレードの社員の給与体系を公表している（図8）。役員の年収は最高約4億円（2014年9月〜15年8月）。日本企業は海外に比べて役員の報酬が低いと言われているが、そうした点から見ても、従来の日本企業とは一線を画している。

別問題として国際比較すると、日本企業への社員のエンゲージメント（この場合は社員満足度）の低さがある。日本の生産性の低さは長く指摘されながら改善されていない。ひとつはこの**所属する企業へのエンゲージメントが他国と比べて低い**からだ。

老舗百貨店の高島屋では、過去には条件を満たす社員全員に、部長昇進試験のチャンスが与えられていた。しかし数年前から希望者が多過ぎるために推薦制に切り替えられた。成長を前提にした終身雇用制が生み出した矛盾事例である。

やはり社員のモチベーションは企業にとっても大きな生産性向上のカギである。人事評価制度の進化を進めなければならない。

また働く個人も、従来の日本的雇用を前提にしているのは危険だ。このままの働き方では通用しない時代がやってくる。広くいわれていることだが、新卒採用、終身雇用制の崩壊は近い。経団連から2022年より新卒採用から通年雇用に舵を切るという発表もあった。ビジネスはプロジェクトごとにフリーランスの人材でチームを作る形になっ

図8 ファーストリテイリングの給与体系

グレード別の年収

グレード	平均年収(円)	最低年収(円)	最高年収(円)	年齢(歳)	参考(役職)
K-4	2億4000万	2億4000万	2億4000万	66	●執行役員
K-3	2億5079万	1億8475万	3億9000万	47〜	
K-2	1億4769万	1億4636万	1億5008万	45〜	
K-1	9096万	5985万	2億5431万	38〜	
E-3	3406万	3176万	3612万	41〜	●スーパースター店長 ●部長 ●リーダー ●本部社員
E-2	3088万	2448万	4454万	38〜	
E-1	2298万	1978万	2537万	35〜	
M-5	1705万	1354万	2239万	39〜	
M-4	1461万	1274万	1686万	33〜	
M-3	1333万	1161万	1647万	32〜	
M-2	1147万	909万	1350万	32〜	
M-1	1020万	756万	1431万	32〜	
S-5	838万	670万	1055万	28〜	●スーパーバイザー ●店長 ●店長代理 ●本部社員
S-4	743万	548万	996万	26〜	
S-3	710万	441万	894万	24〜	
店長昇格→ S-2	630万	427万	852万	23〜	
J-5	497万	409万	605万	29〜	●店舗社員 ●本部社員
J-4	458万	432万	479万	25〜	
J-3	460万	254万	623万	23〜	
J-2	419万	356万	525万	27〜	
新卒入社 J-1	390万	320万	489万	21〜	

※期中に昇降格のあった対象者を除く。地域限定社員を除く。決算賞与を含む。店舗勤務者には上記年収に加えて、社宅手当が支払われる。国内ファーストリテイリンググループの数字(期間:2014年9月〜15年8月)。1万円未満は切り捨て

出所:『週刊ダイヤモンド2017年7月8日号』(ダイヤモンド社)を基に作成

ていくだろう。民間企業のみならず、納税者が減っていく社会にあっては、国家・地方公務員も例外ではない。

リンダ・グラットンは著書『LIFE SHIFT』(アンドリュー・スコットとの共著/東洋経済新報社)で、人は80歳まで働く時代であると唱えた。われわれはすでに、自分自身で人生に責任を持たなければならない時代にいるのである。

Point

- 組織が変わらなければイノベーションは生まれない
- 強力なリーダーのいる企業が成長している
- 多様な個の成長が競争力を高める

顧客との関係性を再構築する――

販売価格の柔軟化

次に販売価格について少し述べたい。

第1章で「ZOZOARIGATO」の割引販売問題に触れた。では、販売価格の決定権は誰にあるべきなのか。

夏が長い沖縄から冬の長い北海道まで、すべて同一単価で販売されること自体が経済合理性を欠いていると、著者は考える。**全国統一価格は、日本だけの習慣**だ。現在、厳密に言って全国同一価格で販売されているのはタバコだけである。不思議と銀座の高級クラブでも道端の自動販売機と同価格で販売されている。ビールが自動販売機の10倍以上の価格で販売されている空間である。タバコの金額はむしろ不自然に感じる。

海外のファッション事例で説明すると、展示会での価格は卸価格であり、最終価格を決めるのは、買取った最終販売者である。米国では、同じ商品が一流百貨店と個人ブティックで違う販売価格になっていることなど、当たり前である。

日本の場合は、小売価格を決めてその下代（卸価格）で交渉する。つまり小売価格を小売業者ではなく卸業者が決めるのである、非常に不思議な制度だ。基本的には委託販売であり、商品の所有権は卸業者にあるため一理あるのかもしれないが、時代に合っているとは言い難い。業界の明白な課題である。

ＺＯＺＯの割り引きが問題ならば、百貨店のカード値引きはどうなのだろう。現状で価格の固定性は失われていると認識するのが当然ではないだろうか。ネット上の値引き販売など、コントロールは不可能に近い。消費者の価格感、購買先、それぞれに求められるものが幅広く存在する。全国同一価格、同日のセールスタートは供給側の傲慢に過ぎない。それも古い市場感である。

これからも、よりパーソナルな市場に対応して、販売物の一点物化が進む。米国には発売前にネットで先行受注することで、ロスが生まれない販売方法も実現している。先受注が好調なら、受注後に価格を上げて販売しても、クレームなど起こらない。価格決定権はすでに誰にあるものでもなく、消費者が吟味するものなのである。

より多くの選択肢を提供する

２０１８年1月つくば駅前のショッピングセンター、クレオが全面閉鎖した。中核テナントのそごう・西武と総合スーパーイオンが撤退したためだ。駅前や中心市街地のショッピングセンター閉鎖は全国に広がっている。小売業態を再定義するべき時代が来たのである。

小売業は本来、商品を店頭に置いて販売するのが基本であった。店舗数が増えれば売り上げも伸び成長した。しかしファッション業界売上世界1位のＺＡＲＡが、その原則を再検討している。

２０１８年、ＺＡＲＡは将来の実店舗のショールーム型実験店舗として、ロンドン、ミラノに続いて六本木ヒルズでポップアップショップを展開した。マルチチャネル実験店である。

店舗には基本、試着在庫しか用意されていない。アプリか店内サンプルのタグのバーコード読み取りで試着を予約する。すぐに試着までの待ち時間が案内され、広々とした試着室にリクエストした服が用意される。気に入ればアプリかＥＣサイトで購入できる。

配達もしくは店舗での受け取りを選択。13時までの注文なら当日18時以降に店舗での受け取りが可能である。

著者の聞き取り結果では、この実験は販売員に概ね好評であった。接客の機会が増加したことで顧客満足度も向上。よりパーソナルな顧客データも蓄積でき、ECの売り上げも伸びた。また、試着はしたが、購入には至らなかった商品の可視化もできる。いままでは取り出すことのできなかったデータである。多くのお客様に試着され、それでも購入に結び付かないのであれば、何らかのマイナス要素が考えられる。そこから改善策を見出すことも可能だ。

問題点としては、まずはメンズが集客から不調だった点。通常店より規模が小さいこと、販売よりアプリ操作の説明が多くなってしまったことなどが原因だろう。

また、米国ブランドの日本販売によるサイズの問題である。欧米人向けの商品をそのまま着ても、日本人のサイズには合わない。著者はZARAのメンズジャケットの袖丈は、必ず直しが必要だと感じる。日本人の目には、そんな基本的な課題に気づいていないことが不思議に映る。ともあれ新たな課題も見つかり、将来の展開に期待できる。

何かを変えようとするとき、過去の延長線上ではなく、大胆な奇策があってもいい。例えばＥＣで顧客が安定すれば、オフ会ができる場所を用意する。クローズドのイベントなら顧客も喜ぶ。当然損益分岐点も低い。集まりやすいロケーションとしてビルの上階、あるいはマンションの一室でもいい。

小売業が一等地に出店する価値、より大型店化する必要性、店舗数の巨大化。全てが再検証されなければならない。多くの選択肢を消費者に渡すことが誰でも可能になる時代である。**すぐに正解は出ないが、半歩でも進めていかないと衰退するばかりである**。

消費者は何を望むのか

消費者は欲しい物が欲しいときに、適切な価格で望む場所に届けばいいのである。これが基本である。店舗でもネットでも気にはしていない。

いままでは購入場所が限られており、各店舗には予算があった。そのため**販売員には目標というノルマが発生し、これが販売員にはプレッシャーに、顧客には不快になる**。

１９９８年バンクーバーで、チップ・ウイルソンがアスレチックウエアブランド「ルルレモン」をスタートさせた。スポーツウエアを買う場所でなく、コミュニティが集まるハブとしての店舗である。昨年から日本にも出店し「一日一汗」としてヨガやランイベントを通してコミュニティを作っている。２０１８年に主催したイベント総数は４０００以上となった。

２０１９年に発表した5カ年計画では、メンズアイテムと商品カテゴリーを広げ、ＥＣ売上を倍増。海外売上を4倍にする計画である。成長率は現在の好調の波に乗り、年間10パーセント代前半を目指す。

ルルレモンでは、販売員に顧客への売り込みを禁じている。アドバイスを通して販売員と顧客の良い関係を構築していくことが目的。スタッフはノルマに捉われることなく、「好き」を仕事にできるのである。

いままでの小売業は、商品を売れば完結していた業務であった。しかしショッピングの価値が「体験」に移行しているいま、販売時のコーディネーション助言はもちろん、販売後の手入れや修理の付帯サービスも充実させなければ差別化は図れない。

コミュニティ化を進めることで、顧客の広がりだけでなく、隠れた需要の発見も期待できる。さらにネット購入を含めて、小売店は双方向コミュニケーションの基地へと進化していく。在庫機能、ネット購入時の受け取り、返品対応など多機能化していく。スターバックスのようなサードプレイスに続く、日常の生活に溶け込んだ場所に進化できれば理想である。

当然スタッフのスキルも対応していかねばならない。日本のアパレル小売店を考えれば、やはり**国内市場で存在感を増し続ける、インバウンドへの対応が重要である**。この需要はより大きな潜在力を持つと予想できる。体格や、皮膚、髪、瞳の色など、日本人と共通点の多いアジアの人々には特に期待できるだろう。

日本での購入経験が、海を越えた海外進出に続く可能性も十分にある。日本の小売店での、お客様に対する販売後のフォローの丁寧さは非常に評価が高い。これもより進化させていきたい点である。

これからの企業価値とは

ファッション業界に限らず、企業は社会の中における自分たちの在り方を再考しなければならない。従来の企業尺度では、収益率や収益額が重要な評価基準だった。もちろんその重要性は変わらないが、企業が提供すべきものは大きく変わってきている。

ステークホルダー（利害関係者）たちを幸せにするのは当然だが、それ以上に企業としての社会貢献が求められるようになっている。**企業活動を通した、より良い社会の実現、**

問題解決の提案である。

なぜ、配車サービスのUber（ウーバー）やLyft（リフト）は赤字であるのに上場資金が集まるのであろうか。売上規模や市場シェアを優先事項に置けば、矛盾する状況のはずである。

しかしわれわれ生活人は、行動経済学で設定される前提通りに動くとは限らない。車社会の米国では、タクシーとそれを必要とする人のマッチングは大きな社会的課題である。これらのサービスでは、アプリさえダウンロードすれば、予約もなく最も近い距離から車を呼べる。大きなソリューションを提供しているのである。人は企業や商品、サービスの背景、ストーリー、先に見据えるものに賛同することで、消費行動を決めるのである。

Point

- 価格決定権は消費者が持っている
- 過去の延長線上にはない大胆な奇策もヒントになる
- 企業価値の定義は大きく変化している

何を作るべきなのか――

ますますパーソナル化する市場

市場の細分化はより進んでいる。限られたマーケットで規模を追わずに適正なビジネスが可能とする見方もある。

前章でも述べたが、生産過程での小ロット生産が進んでいる。従来アパレルを工場生産するには、生地の量や枚数など、ある数以上のロットが必要であった。つまり一着だけの衣服は、職人が時間をかけて作らざるを得なかったのである。

しかしテクノロジーがその壁をなくしつつある。

端的な例でいえば、ニット製品を1着ずつ製品化できるニットマシンはすでに実用化されている。スーツのパターンオーダーだけでなく、ビッグブランドのスニーカー、ラグジュアリーバッグブランドなど、今後も生産現場の進化の可能性はどんどん広がっていく。**すべての商品が適正な価格でオートクチュール化する日も夢ではない**。

最近広がりを見せるヴィンテージウエアのビジネスも、大きな意味で一点ずつがパーソナルであるとの見方もできる。

米国のNASTY GAL（ナスティーギャル）の創業者、ソフィア・アモルーソは、2006年にオークションサイトeBayで、自分の古着を販売したことからビジネスをスタート。そこから10年も経たずに年商338億円にまで成長した。アモルーソは2016年には保有資産約300億円といわれ、フォーブス誌の「一代で最も財を築いた女性」1位に選ばれた。その後、キャピタル側の支援を失い破産するが、自伝が映画化され、再度の挑戦を続けている。

また、販売についてもパーソナライズされていく。ネットを通せば、主婦が自宅で手作りした品を1点からでも販売できるようになった。**製販共に、個人がビジネスを成立させやすくなっている**のである。

そうした時代では、まさに服装が一人ひとりの自己表現となる。**洋服自体の価値観が変わり、市場全体が新たな成長を遂げる可能性**もある。コーディネーションが煩わしい人には、AIが自動で選んでくれる。その日の予定を告げれば、気象情報やTPOを踏まえて、最適な服装を自室のワードローブに用意してくれる。

パーソナルなサービスは、想像を超えた領域で展開されていくだろう。とても楽しみである。

陳腐化しない商品を

シーズンごとに新商品を発表し、新たな需要を生み、古い商品を陳腐化するのがいままでのアパレル産業であった。

ここで事例を2件取り上げたい。

まずは国内ブランドのミナ・ペルホネンだ。テキスタイルも手掛けるデザイナー皆川明が、1995年より展開するブランドである。自然への詩情、社会への考察から、織りやプリント、刺繍などを産地と共に開発。オリジナル性の高い暖かみある世界観を形成している。

旗艦店でのセールは行わない。「良い物を大事に愛でる日本になってほしい」との考えから製品を安価でレンタルすることもできる。商品を試着室の中だけに収めるのではなく、街に着て出てもらいたいということだろう。また**作り手への敬意から、利益の公平**

なシェアも大事にしている。

独特の世界観が季節や発表年度を超越して表現されている。業界の販売ありきの52週MDとは一線を引いた展開方法である。裁断後の残り生地をミニバッグなどに商品化し、その売り上げを寄付しているのも、自由なクリエイターが考える事業展開である。

海外の事例としては、意外かもしれないがグッチである。1950年代からハリウッドセレブのファンを多く得て、世界にその名が轟いたブランドだ。

しかし1990年代に、創業家と経営陣との内紛でブランド価値は崩壊。それをトム・フォードが1995年のミラノコレクションで大成功を収めて復活させた。フォードは2004年に辞任し、自身のブランド設立を選んだ。

時を経て、モノが溢れる時代に生まれたミレニアル世代（1980年代から2000年代初頭に生まれた世代）が顧客層の中心なると、そのシンプルでエレガントなデザインは新鮮さに欠け、敬遠されるようになった。

2015年、グッチのクリエイティブデザイナーに、若きアレッサンドロ・ミケーレが着任。2016年頃から色も質感もたっぷりの豪華なスタイルでブランドロゴを打ち出した一見ダサいデザインが、かえって新鮮で大きな支持を得るようになった。201

7年度にはグーグルの検索数でファッションブランドとして堂々の1位に輝いた。

フォードとミケーレには大きな相違点がある。フォードは半年ごとのコレクション発表で古いコレクションを否定し、新しいコレクションの需要を創造した。比べてミケーレの新コレクションは、前期の商品との組み合わせも十分に楽しめる。**陳腐化させるのではなく、デザインの世界をより広げる**ことで、顧客増大を進めているのである。

ファッションの世界では、シーズンごとにコレクションが開催され、トレンドや注目アイテムなどが話題になる。それが業界の魅力でもある。しかし消費者の多様化を考えれば、それとは異なる次元でのファッションビジネスが育っていることも確実なのである。

本物の条件とは

消費者があらゆる情報を容易に入手できる現在では、小手先の演出ではすぐにメッキが剥がれる。**供給側には真剣なモノ作りが求められる**。日本にファッションビジネスという観念を持ち込んだ先駆者であり、著者も心より尊敬する尾原蓉子（おはらようこ）先生の言葉をお借りしたい。本物である条件は次の5点だと仰っている。

1、模倣品でなく、その人あるいはブランドが生み出すオリジナルであること
2、クラフトマンシップを持ち、匠の技や優れた技術が生み出す用の美があること
3、誠実・正直であり、真摯に取り組み透明性ある態度を持つこと
4、実生活にあって実質の価値と実用性を持つこと
5、一貫性を持った価値観・哲学で事業が継続されていること

ファッション業界では、模倣が永遠の問題のひとつだ。他人のアイデアを模倣することは恥ずべき行為である。非合法の模造商品については論外だ。

しかし残念ながら、中国を始めとするいくつかの国では、コピー生産が主用産業として確立している。著者自身、限定品をリリースしたらすぐに海外サイトから怪しげな日本語で模造品を販売された経験がある。笑うしかないが、展開色が増えたりもしていた。もちろん粗悪品である。どんな組織によるものなのかまったくわからないが、情報を得る速さと確実性には驚くしかなかった。業界と市場に詳しい人間が関わっているのは明白である。

この問題は、購入する消費者がいる限りなくならない。テクノロジーの発達が、模造品の制作をより容易に、高度化するかもしれない。長い戦いは続くであろう。そのため

にも本物を作り続けたい。

Point

- 本当に良い物は陳腐化しない
- 商品の可能性や世界を広げる意識を
- 模倣に負けない本物が求められている

才能を引き出す環境を——

教育を変革せよ

業界への人材供給を支える教育機関として、服飾系専門学校や短大・大学での服飾科がある。戦後に女子の就業に役立つ和裁、洋裁と、花嫁修業として洋裁専門学校がその歴史をスタートさせている。2018年に1964年以来の大学法が改正され、専門職大学も開講された。

日本の服飾機関のレベルは世界的に見ても非常に高く、学生への実技指導も多い。十分評価できる。しかし著者も末端に籍を置きながら強く思うところがある。実務経験者として、すぐに履修時間の増大をしなければいけないカリキュラムが2種類ある。

第一は、**ファッション業界に通じたIT技術者の養成あるいは基礎知識の習得**。プログラム技術や売れ筋のデータ分析、ウェブページの改善技術の教育である。

分野を問わず、社内にＩＴに精通したスタッフが必須な時代である。**実店舗の販売員にも、スキルとして求められるだろう**。すでに残された時間はないが、現在の学生はデジタルネイティブ世代である。壁は高くない。

第二に一部教育機関ですでに取り入れられているが、**お金の知識**である。

従来、業界ではクリエーションと経営は別のものとして認識されてきた。しかしこれからはデザイナー自身が自力でスタートしていく時代である。日本人はお金の話をすることを、恥ずかしがったり、人前では避けたりする傾向があるが、当然、**ビジネスはお金が基本である。話をできないほうが恥ずかしい**のである。貸借対照表や損益計算書が理解できる簿記３級程度と経営の基本の知識を、常識レベルとして持たせてほしい。

近年、社長になりたい若者が多いのは大歓迎である。しかしそのための最低知識を身につけるべきだ。「ＫＥＮＺＯ（ケンゾー）」で知られる有名デザイナー、高田賢三氏の著者『夢の回想録　高田賢三自伝』（日本経済新聞出版社）の中に、文化服装学院の同級生、コシノジュンコ氏との対談が掲載されている。そこでお２人共に、「学生時代に経営を学ぶべき。その機会が欲しかった。芸術系の教育機関に必要だ」という旨の発言をしている。

以前、アパレル業界には「ＫＤＤ（勘と度胸とドンブリ勘定）」という言葉があった。

それでも利益が出た時代があったのも事実である。しかしそれではこれからの社会を生き抜けないことは、誰が考えても明らかだろう。

教育機関側だけではなく、学生にも変革が必要である。事例として適切かどうかわからないが、象徴的な現象を紹介したい。

米国では大学在学中や卒業後すぐに起業する若者が多い。その点日本は極めて少ないと言える。就職したい企業ランキングには、毎年大手企業が並ぶ。ここまで触れてきた、変われない企業の経営者同様、思考停止と言われても仕方ない。どんな目標を持ち、そこへ自分を進めるためにはどうすればいいのか。そうした意識を持つことが、誰にも必要とされているのである。

大人になっても学べる環境を

米国では、社会経験を持ってから大学に戻り、学び直すことは珍しくない。大学進学に対する国からの補助がないので、日本の何倍もの学費が必要である。しかしその投資が生涯収入を変える可能性があるから、学ぶのである。

日本では企業内で人材を育てる社内人材投資が行われてきたが、それが続く保証はない。社会制度として、学生数の減る高等教育機関がテーマを絞って、半年や1年のカリキュラムを組んだ**社会人教育に積極的に取り組むべき**である。企業にとっては即戦力となる社員の育成につながり、教育機関にとっても学生数減のカバーができるメリットがある。

特に地方にあっては教育機関が核となり、行政、地場企業を巻き込んだ取り組みを進めるべきだ。モデルには後述するデニム産地の三備地区がある。地場の若者に良い刺激と意欲を植え付けられる機会になるのではないだろうか。

故郷が嫌いな日本人はいない。故郷から東京、パリ、ロンドン、上海に向けたビジネスができれば理想ではないだろうか。アパレル業界ではその可能性が増大している。テクノロジーが与えてくれる可能性を享受できる世代はこれから育つ。暗い情報ばかりでなく、将来の限りない可能性を信じたい。

若き才能を引き出す環境を

グローバル化が進む業界では、大きなチャンスがたくさんある。シンデレラ物語が実現するのが、この業界のすばらしさのひとつである。

昨年、ＬＶＭＨ（モエヘネシー・ルイヴィトン）が開催する世界最高峰のファッションコンテストのひとつ、「ＬＶＭＨプライズ・フォー・ヤング・ファッション・デザイナーズ」の２０１８年グランプリに、日本人、いや、アジア出身として初めてdoublet（ダブレット）の井野将之（いのまさゆき）が輝いた。奨励金30万ユーロ（約３３８０万円）と、ファッション業界世界最大手ＬＶＭＨとの取り組みのチャンスを得た。

大きなファッションコンテストには、ほかにも60年続く「インターナショナル・ウールマーク・プライズ」、英国での活躍を評価する「ザ・ファッション・アワード」、フランス国立モード芸術開発協会主催の「ＡＮＤＡＭファッション・アワード」、ファストファッションの「Ｈ＆Ｍデザイン・アワード」などがある。

若きデザイナーにとって、こうしたコンテストが世界販売への近道である。業界では、常に新しい才能が新しい美しさや新鮮な感動を見せてくれる。**マーケットは一時もとどまることを知らない**。細分化するマーケットに何度もチャンスを持てることは、若く個性的な才能にモチベーションと学ぶ機会を与える。**時間と場所と経済的サポートが新しい才能を開花させる**のである。

日本でも、ファッション業界全体の価値の再評価や消費者への啓蒙として期待できる活動がある。

渋谷109のイマダマーケットはインキュベーション（卵から育てる）機能に力を注ぐ。店舗スペースを提供して、世に出ていない個人やブランドを発信していく、新しい形のショップである。次世代リーダーの育成やデザイナー支援を目的にスタートした新会社bigは、「big design award」を主催。大賞500万円、総額700万円の賞金は、国内のファッションコンペでは最高額である。

ほかにもラフォーレ原宿の若いデザイナーたちへのポップアップ企画や、アマゾンの「AT TOKYO」に見られるイベントとネット販売の複合などもある。こうした活動には敬意を表する。新しい才能との出会いを期待したい。

業界をシームレスにつなぐ、一企業の枠を超えた取り組みが必要である。ビジネスに慣れていない、意欲溢れる若者たちを支援する仕組みを模索していくべきである。資金サポートは貸付金であってもなくても、行政の出番でもあると著者は考える。

ファッションでの起業がトライしやすい環境を提供できれば、業界の魅力は増大する。若き才能たちが井野将之に自分を投影できれば、これほどすばらしいことはない。夢を具体的に見せられることが古い業界人に課せられた課題でもある。1980年代にパリコレクションを席巻（せっけん）した日本人デザイナーたち。そこから新しい輝きが現れるまで、少しの時間が空いたことは事実である。

新しいデザイナーの登場は新たな企業の成功を導く。現在も確実にその次世代日本人デザイナーたちは多くの可能性を秘め、世界で育っている。

世界で活躍する日本人デザイナー

先ほど紹介した井野将之を始め、グローバルに注目されている日本人デザイナーは少なくない。

いまの時代に世界に打って出ようと思えば、海外の主要都市でのコレクション時期の発信が王道だ。業界のスケジュールとして「サーキット」と呼ばれるコレクション日程がある。ニューヨークからロンドン、ミラノ、そして最大人数のバイヤーとプレスが集うパリへと決まっている。

その中でもすでに注目を集めている日本人デザイナーがいる。

レディースではビッグブランドと呼べるsacai（サカイ）の阿部千登勢、注目度が非常に高いMame Kurogouchi（マメ）の黒河内真衣子の伸長は確実に続くだろう。評価に安心感が出てきたＴＯＧＡ（トーガ）の古田泰子、ノワール・ケイニノミヤ（二宮啓）、アキラナカ（中章）も期待大だ。2019～20年秋冬パリコレクションでデビューしたCYCLAS（シクラス）。少しユニークな経歴を持つデザイナー小野瀬慶子の今後にも注目したい。

井野将之のほかにも、メンズのより大きな期待と安定感を著者は確信している。サカイのメンズは高く評価できる。UNDERCOVER（アンダーカバー）の高橋盾、FACETASM（ファセッタズム）の落合宏理、visvim（ビズビム）の中村ヒロキ、White Mountaineering（ホワイトマウンテニアリング）の相澤陽介。挙げればキリがない。

世界市場で比較した際の贔屓目ではあるかもしれない。しかし、次に述べるように、**日本に秘められた特別な文化の伝承が、きっと彼らに大きなチャンスを与えてくれる**。

Point

- **変化する市場の裏には大きなチャンスもある**
- **新しい才能を花開かせる環境を作る**
- **業界の魅力が増せば必ず新しい道が開ける**

日本人ならではのモノ作り――

KOJIMAに見る技術力

本書の最後に、日本に残された可能性を見ていく。われわれ日本人は自国の優れた歴史が育んだ文化や普遍的な価値観を再認識し、再評価するべきである。それこそが世界市場に待たれているのである。

まずはその技術力である。

第4章で触れた三備地区。岡山県倉敷市と井原市、広島県福山市を中心に、制服、ユニフォーム、ジーンズ、カジュアルウエアの関連企業が集積されている。もちろん素材となる生地も生産している。

世界でも日本のデニムの評価は非常に高い。2004年頃、著者は米国のファッション展示会「d&a」を日本窓口としてお手伝いした。当時は高級デニムブームの頂点であった。ニューヨークとロサンゼルスで開催する展示会出展社からの紹介依頼は、日本のデニム生地メーカーであった。産地である三備地区の地名「ＫＯＪＩＭＡ（児島）」は英語で認知されていた。

デニム発祥の地である、米国のデザイナーにさえ評価される。これには**日本人の特性である凝り性が深く関係している**。合理性が判断基準にある米国では、より良い生産性のある織機ができれば新しくしていく。工場の規模も大型化していく。

数あるファッション業界の楽しい現象のひとつだが、１９７０年から８０年代に、古いデニムが再評価された。特に古着好きな男性にとってゴールはない。日本のデニムデザイナーにも古着好きが多い。彼らのニーズに応えるデニムは、世界中を探しても見つからない。ところが日本では旧織機が現役で動いていたのである。

職人の力の入れ方で仕上がりの風合いが変わる。またメンテナンスも熟練の職人でなければできない。ヴィンテージジーンズの再現に挑戦し、本当に細かなモノ作りを続けている。青と緑の細かな見分けは日本人特有のものだそうだ。

糸、織り方、染とあらゆる段階での**細かなモノ作りは日本人ならでは**である。デニムは着用後の経年変化によって新しい価値を生む。その価値を見出したのも日本人である。

「デニムならＫＯＪＩＭＡ」と言われる理由は明確に存在するのである。

２０１９年４月には、ギンザシックスの開業2周年記念イベントの一環として、三備地区のデニム関連企業が協力して参加。「JAPAN DENIM」としてポップアップショップをオープンし記録的な売り上げを達成した。

この地場産業は、欧米への製品販売にも挑戦している。行政と企業が共同して、「備中備後ジャパンデニムプロジェクト」を発足。ジェトロ（日本貿易振興機構）の助けも借り、海外展示会のミラノウニカにも出展している。地方創生につながる取り組みでもある。

国内需要から見ても、製造業の多くが海外に移転している中、必要なときに必要なだけ供給できる点で再評価されている。高騰する海外コストプラス輸送費との比較でも有利である。

しかし残念ながら、ほかの産地と同様に職人たちの高齢化問題がある。将来が見えたいまこそ収益性向上に取り組み、待遇改善を図ることが喫緊の課題だ。

日本の潜在能力

日本のお酒や農産物が、世界で高い評価を得ている。２０１８年1月に香港で開催されたサザビーズのオークションでは、サントリーウイスキーの「山崎」50年物が３２５０万円で落札された。これは特別としても、日本人自身が気づかない魅力や優位性を再認識する必要がある。

日本人の美意識、文化、考え方、生き方には独特のものが存在する。著者は長く海外企業との取引で出張を経験した結果、祖国のすばらしさを強く再認識した。そしていまはその潜在力にも大きな可能性を見出している。

第1章で触れた東京ガールズコレクション。開催地は世界に広がり開催規模も含め大きな成長を遂げている。類似イベントもたくさん開催されるようになった。日本の「ＫＡＷＡＩＩ」の価値を世界が認めたのである。

日本文化に対する世界からの関心や評価は高い。文化には暗黙知の部分があり、仮に異文化で同じサイズ、同じ物を作ってもどこかに違いがある。これは理論だけではない。感性や背景や奥深さが必要である。海外のお客様を日本の売場に案内すると、一様に礼儀正しさ、親切さに感心する。街では定刻通りの交通機関、故障していない自動販売機に驚愕する。**日本人としての誇りと自信をビジネスにも生かしていきたい**。

事例として純国産シャツの単品で世界に勝負を挑んだメーカーズシャツ鎌倉の成功に学ぶ点は多い。メーカーズシャツの名前通り、サプライチェーンを統一、無駄を排除し、品質で競争力のある商品を完成させ、自分たちで消費者にまで届ける。

ボタンダウンシャツの本場、米国ニューヨークに出店し、海外展開も成功させている。この出店時に推薦状を記したのが、グレアム・マーシュ氏。開店前の店頭告知看板に彼の言葉が記された。世界6カ国で発売された『THE IVY LOOK』の著者である。英国に生まれた彼は、米国から英国に製造が広げられていたボタンダウンシャツの魅力を知っていた。しかし両国には工場さえなくなっている。そのニーズに応えたのが、日本のブランドなのである。

創業者の貞末良雄（さだすえよしお）氏は、**「日本には凄い潜在能力があるのに、アパレルメーカーが現場に足を運ばずにその技術に気づいていない」**と語る。彼がセールをしないのも、その価値の保持のためである。品質を最優先して、生産能力に沿った出店しかしない。

ここから少し辛口になるかもしれない。日本ファッション産業協議会が主導する、「J∞QUALITY」がスタートした。ホームページには「『需要創造』と『市場拡大』に邁進し、業界団体の知恵とクリエーション力を結集し、世界に誇るジャパンブランドの確立を目指します」とある。日本の潜在能力を信じた取り組みではあると思う。しかし、どう差別化されているのかが十分に伝わらない。日本の誇れる点をわかりやすく伝えるべきである。**日本の発信力の弱さ**を実感する。

また、行政側の最大の問題点は、責任者の定期的な人事異動である。ひとつの目標を持って継続する活動の中での決定権を持つ人物の定期的異動には、マイナス以外の側面はない。プロジェクトに適した組織を目指していただきたい。**行政としての長期的視野に立ち、国家観に沿った業界への働き掛け**を期待したい。

夢の衣服の開発

現在は保温機能や冷涼感を持った繊維が製品化されている。伸縮性や耐水性機能の向上も著しい。その先にはどんな発想があるだろうか。テクノロジーへの対応の遅れが嘆かれている日本だが、国内の企業や研究者のレベルは世界的に見てもまだ高い。ここにも新しい希望はあるはずだ。

すぐに思い当たるのは、光る素材である。夜間の安全性向上に活躍できそうである。色が変わる素材もあり、一着の服がいろいろな顔を持つようになる。

最近では、より高度な可能性も研究されつつある。事例を挙げると、「汚れないパンツ」である。熊本市に本社を置く、ライフスタイルアクセントが開発した。フライパンのテフロン加工を綿素材に施したのである。同社の「絶対破れない靴下」1足2000円を見ても、十分に市場性はある。

最新医学との連動なども期待できる。着衣を通して、入院患者の状況を常時分析する。下着は皮膚と直接触れ合っており、随時変化を記録分析するのも可能。精密検査をより簡単に、より正確に行うことができるかもしれない。治療時には疾病ごとに着用する特別服が出来ても不思議ではない。

ギブスを兼ねたパンツやシューズも可能であろう。体温を一定に保つパワーサポート機能付き登山服なら、お年寄りでも富士登山を楽しめてしまう。自動的に治療薬が皮膚浸透する機能付きパジャマ。薬の服用忘れも起こらない。着るだけで痩せるスーツと食事メニューのセットはどうだろう。最適な食事メニューを提示してくれ、自動的に食材や料理が自宅に届く。ＡＩなら容易に実現できるサービスのひとつであろう。

服を着る目的が大きな広がりを持ち始めた。その機能の進化には無限の可能性がある。**新たなマーケットを創造できるかもしれない**。あきらめずに夢の実現に挑戦するべきである。

ビジネス新時代に向けて、われわれは明るい可能性のある業界にいることを強く信じる。小売業はＡＩに取って変わられる仕事ではない。業態を変え、業務を変えながらも人類と共に不滅に続く業界である。

欧米的に表現すると、人類は「エデンの園」で林檎をかじったときから裸体を恥ずかしいと感じ、衣服を身に着けるようになった。いまその衣服が新たな機能を持とうとしている。**想像以上の市場が生まれる未来は、すぐそこまで来ている**のである。

Point

- 日本人の特性を生かしたビジネスを
- 行政を含めて長期的な視野を持つ
- モノ作りには無限の可能性が残されている

君が可能性を信じる限り、
それは手の届くところにある。

ヘルマン・ヘッセ（作家／1877〜1962）

あとがき

少子高齢化、人口減少が急激に進む日本。21世紀の世界が直面する大きな課題に、一歩早く取り組む課題先進国である。日本人が回答を見い出すことができれば、大きく世界に貢献できる。

そしてわれわれには、大きな失敗と成功体験がある。1945年の敗戦から、若い世代が中心となり、廃墟となった国を世界に誇る経済大国に成長させた。その後経済成長が頭打ちとなってからの「失われた30年」に、われわれは何を学んだのか。その答えをいま、出すべきときなのである。

日本経済全体を再び成長路線に戻すために必要なのは、古い成功体験にとらわれない発想だ。これからの日本経済を担うのは、実年齢ではなく心の若いビジネスパーソンである。彼ら彼女らが縦横に活躍し、労働人口減をものともせず、日本を本当に豊かな国に変えてくれる。

新時代には、その大きな可能性が潜在している。読者の皆様の意欲の一端になれば、悪戦苦闘して書き上げた拙著も救われる。まえがきでお伝えしたように、可能な限り事例をもって多面的に問題を捉えることを意識して、筆を進めた。アパレルを取り上げた本であるが、特定の産業への苦言ではない。自省を込めた、日本のビジネスパーソンに向けての新しく確実な希望である。辛口な文面も多々あったが、年寄りの小言とご容赦いただきたい。

ビジネスの基本には、普遍的な哲学がある。書店に並べられた過去の偉人たちによる書にも明るい。同時に、変化する社会に対応していく現実的な施策も必要である。そこに答えはない。一人ひとりが挑戦を続け、作り上げていくしかないのである。

しかし悲観的に見る将来と、希望を前提に設計する未来とには、大きな違いが必ず生まれる。自分と未来は変えることができる。

最後になったが、執筆の機会を頂いた菊地一浩さん、縁あって編集をご担当いただいた総合法令出版の久保木勇耶さん、多くの情報と助言を与えてくれた友人、知人、いつも支えてくれる家族に心から感謝する。そして読者の皆様のご多幸を祈り、あとがきとする。深謝。

2019年初夏の新緑と光溢れる日に

たかぎこういち

参考資料

【書籍】

『一勝九敗』柳井正著（新潮社２００３年）
『「ニッポン社会」入門』コリン・ジョイス箸、谷岡健彦訳（ＮＨＫ出版２００６年）
『裸でも生きる』山口絵理子箸（講談社２００７年）
『「アメリカ社会」入門』コリン・ジョイス箸、谷岡健彦訳（ＮＨＫ出版２００９年）
『裸でも生きる２』山口絵理子箸（講談社２００９年）
『成功は一日で捨て去れ』柳井正著（新潮社２００９年）
『ユニクロ思考術』柳井正監修（新潮社２００９年）
『ユニクロ帝国の光と影』横田増生著（文藝春秋２０１１年）
『「イギリス社会」入門』コリン・ジョイス著、森田浩之訳（ＮＨＫ出版２０１１年）
『統計データが語る日本人の大きな誤解』本川裕箸（日本経済新聞出版社２０１３年）
『ユニクロ対ZARA』齊藤孝浩著（日本経済新聞出版社２０１４年）
『ユニクロ 世界一をつかむ経営』月泉博著（日本経済新聞出版社２０１５年）
『人工知能と経済の未来』井上智洋著（文藝春秋２０１６年）
『Fashion Business 創造する未来』尾原蓉子著（繊研新聞社２０１６年）

『アマゾンと物流大戦争』角井亮一著（NHK出版2016年）
『未来の年表』河合雅司著（講談社2017年）
『誰がアパレルを殺すのか』杉原淳一・染原睦美著（日経BP社2017年）
『ユニクロ潜入一年』横田増生著（文藝春秋2017年）
『アマゾンが描く2022年の世界』田中道昭著（PHP研究所2017年）
『僕たちはファッションの力で世界を変える』井上聡・井上清史　取材・執筆石井俊昭（PHP研究所2018年）
『AI時代の新・ベーシックインカム論』井上智洋著（光文社2018年）
『未来の年表2』河合雅司著（講談社2018年）
『デス・バイ・アマゾン』城田真琴著（日本経済新聞出版社2018年）
『amazon』成毛眞著（ダイヤモンド社2018年）
『MENSWEAR REVOLUTION』Jay McCauley Bowstead（BLOOMSBURY〈UK〉2018）
『Break Down the Wall』尾原蓉子著（日本経済新聞出版社2018年）
『ものがたりのあるものづくり』山田敏夫著（日経BP社2018年）
『アパレル・サバイバル』齊藤孝浩著（日本経済新聞出版社2019年）

【論文及び白書】
「日本アパレル産業の課題と展望」中央大学商学部河邑ゼミD班（２０１０年）
「アメリカにおけるエシカルという指標の動向」愛知学泉大学三輪昭子（２０１５年）
「百貨店　衣料品販売の低迷について」経済産業省大臣官房調査統計グループ経済解析室（２０１７年）
「アパレル産業の未来－国内アパレル企業の課題と進むべき道－」株式会社ローランドベルガー東京オフィスパートナー福田稔（２０１７年）
「平成29年度我が国におけるデータ駆動型社会に係る基盤整備（電子商取引に関する市場調査）」経済産業省商務情報政策局情報経済課（２０１８年）
「繊維産業の課題と経済産業省の取組」経済産業省製造産業局生活製品課（２０１８年）
「アメリカのＳＣトレンドと２０２０年『第３次流通大変革』に向けたＳＣ開発・再生のアプローチ」株式会社ダイナミックマーケティング社代表取締役六車秀之

【新聞、雑誌】
繊研新聞　日本経済新聞
日経ＭＪ　ＷＷＤ　ＪＡＰＡＮ

商業界
日経トレンディ
週刊東洋経済
週刊エコノミスト
ファッション販売
月刊事業構想
週刊ダイヤモンド
日経ビジネス

【webメディア】

NewsPicks
ウォール・ストリート・ジャーナル日本版
繊研電子版
Fashion Network.com 日本
FASHION HEADLINE
商業界オンライン
ITmedia
Fashion Network
The Business of Fashion
The New York Times
WEDGE infinity
WWD JAPAN com.
Apparel-web.com
流通ニュース
財経新聞
リサイクル通信
Vogue Business
各社オフィシャルページ

【著者紹介】

たかぎ こういち（髙木浩一）

タカギ＆アソシエイツ代表。スタイルアドバイザー。東京モード学園ファッションビジネス学科非常勤講師。文化服装学院グローバルビジネスデザイン科元講師。

1952年、大阪生まれ。奈良県立大学中退。大阪で服飾雑貨卸業を起業。22歳で単身渡欧後、香港に渡り、現地で実績を積む。1998年、現フォリフォリジャパングループとの合弁会社取締役に就任。オロビアンコ、マンハッタンポーテージ、リモワ、アニヤ・ハインドマーチなど海外ファッションブランドをプロデュースし、日本市場に広める。また、第1回東京ガールズコレクションに参画。米国の有名ファッション展示会「d&a」の日本窓口なども務めた。時代に沿ったブランディング、MD手法には定評がある。2013年にファッションビジネスのコンサルティング会社「タカギ＆アソシエイツ」を設立。著書に『オロビアンコの奇跡』、『超入門 日・英・中 接客会話攻略ハンドブック（共著）』（共に繊研新聞社）、『一流に見える服装術』（日本実業出版社）などがある。

●タカギ＆アソシエイツホームページ　http://www.takagui.net/
●著者メールマガジン　http://www.mag2.com/m/0001685897.html

アパレルは死んだのか

2019年7月26日　初版発行

著　者　たかぎこういち
発行者　野村直克
発行所　総合法令出版株式会社
〒103-0001 東京都中央区日本橋小伝馬町15-18
ユニゾ小伝馬町ビル9階
電話　03-5623-5121

印刷・製本　中央精版印刷株式会社

落丁・乱丁本はお取替えいたします。

ISBN 978-4-86280-692-5

総合法令出版ホームページ　http://www.horei.com/